JN047077

この三日月の夜に

山口小夜子

講談社

［造本・装幀］岡 孝治

［写真］横須賀功光（以下を除く全点）
GETTY IMAGES（P007）
ロイター／アフロ（P047）
読売新聞社／アフロ（P165）
共同通信社（奥付）
時事通信社（P062左下、p63）
朝日新聞社（P147）
毎日新聞社（P062上）
産経新聞社（P062右下、P135）
講談社写真部（P032〜035）

この作品は、山口小夜子さんが生前に受けられた
新聞、テレビ、雑誌への寄稿やインタビューでのご発言、
および刊行された書籍の文章を12のテーマごとに再構成したものです。
書籍化にあたっては、オフィスマイティーの近藤女公美代表取締役から
ご支援をいただきました。
また、写真家・横須賀功光さんのご子息の安理氏に
貴重な写真の使用をご快諾いただきました。

contents

contents

1

港の見える丘から

私が生まれ育ったのは横浜市中区。港の見える丘公園や外人墓地にほど近い丘の上です。私の記憶の中の山手や横浜港は今のように整備されてなく、港の見える丘公園には崩れかけた廃屋があったり、山下公園のあたりには引込み線やレンガ造りの倉庫が並んでいたりしていました。外人が住んでいる洋館や教会の中でも、聖公会の山手教会がひときわ厳粛で温かく、外人墓地を見守るように建っていました。

小夜子の魅力学　1983年3月13日

一人っ子で、まわりには肉親ぐらいしかいないでしょ。だから人とあまり接触しないまま育って、人ってどういうことかよくわからなかったんです。学校に行き始めたら、あまりたくさんの人を見たので、円形脱毛症ができちゃったくらい（笑）。何か人と馴れない感じなんです。だからわりあい内側で遊ぶ子だったんじゃないかな。外に向かって遊ぶよりも、木とか花とかお墓に眠ってる人たちとか、人形とか、そういったものがお友だちだった。

太陽　2000年2月号

ずっと毎朝、母は私の髪をとかしてくれていました。大きな母の鏡台の前に座って、私はじいっと母の手もとを見つめていました。寝乱れて、寝ぐせがついて、ぼさぼさになった私の髪を、母は優しくとかしながらまたたく間にきれいに整えてくれます。そんな母の手が私には魔法でも使っているのではないかと思えたものです。

私が今、髪を大事にしたり、髪をいじることが好きなのは、小さいころに母が無言のうちに教えてくれたことなのだと、最近思うようになりました。

小夜子の魅力学　1983年3月13日

玄関の前の道の端に大きな桜の木が見える家で私は育った。毎年春になると満開になるその桜の花を見て、私は大きくなった。

父はその桜の木が好きで、花が咲くといつもスケッチしていた。私はスケッチしている父の後ろ姿を見て育った。

朝日新聞　2001年8月15日夕刊

私はお水とお塩とお米で育てられたの。両親はこの三つで私を育てた。だから、私にとってお水とお塩とお米が一番たいせつなもの。

三、四歳の頃、近所にすごくいじわるな男の子がいたのね。遊びに行くにはその男の子がいつもいるところを通らなくては行けなかった。その男の子は、私がそこを通ると必ずいじわるなことを言ったり、追いかけたり、何もしていないのに頭をたたいたりした。それがある時、その男の子が私のほっぺたをかじったの。歯の跡がついた。とってもこわかった。どうもそれがきっかけで男の子に対する警戒心ができてしまったみたい。

幼稚園のとき、私の体が弱かったので両親はバレエを習わせようとした。私もバレエにあこがれていたので、両親に連れられてバレエ学校の門まで行った。でも、入口まで来ると私は急にしゃがみこんで「絶対にいやだ」と言い出すらしいのね。本心はすごく習いたかったのよ。それでも学校の前へ来ると拒否反応を示すのね。

写真集「小夜子」1984年9月23日

子供があまり周りにいなかったから、ほとんど自分で遊びを見つけていくという感じだった。子供たちが集まって、おはじきだとかお手玉、ゴム跳びや縄跳びなどの遊びをみんなでするでしょう。そういう遊びを一切できなくて、子供たちのなかで一番できなくて、何もできないから、結局、いつも外されてしまって、一人こもっていく。

でも、いま「幸せ」って言ってくださったから、そうかなとは思いますけど、そのときは、あんまりそんなふうには……。生まれて楽しいって思わなかったんだなあ（笑い）。

アサヒグラフ　２０００年9月29日号

人見知りの強い、とてもおとなしい一人っ子の少女だった。人と出逢ったり人と話したりするのがこわかった。そのぶん、自分の心の中でいろいろなイメージがふくらんでいたの。それがいつのまにか、もう一人の自分をつくっていた。

子供時代は一人っ子がなる病気によくかかった。入院したこともある。小学校の五年生のこと。死にかかった。それが治ってからは大病をしなくなったの。私が空手や太極拳をやるのは、どこかで自分の体の不思議をつかみたいということがあるのかもしれない。ただ鍛えるというのではないのね。

自分があこがれているように自分がならないことは知っていた。いいなとおもってお母さんに作ってもらった洋服が、雑誌や映画で観たもののようにステキにならないことも多かった。それでもあきらめなかったの。自信はなかったけれど、なんとか工夫して、発想を変えてみれば、なにかあこがれに近づけるんじゃないかと信じつづけていた。

冬なのに夏の洋服が着たいと言い出したりするような女の子だった。そうするとお母さんがたしなめ、あきらめさせようとする。それでも私は絶対にあきらめないの。がんこに着たくなるの。季節は関係なかった。

写真集「小夜子」1984年9月23日

小さいときから、とてもお洒落だったのを覚えています。気に入った冬服を、真夏でも外出するとき着て行きたいって困らせたり、お風呂のタオルの色が気にいらないから変えて欲しいと、母に頼んだりしたそうなんです。

一人っ子だったから、人形遊びもよくしました。着せかえ人形の服をつくったりしました。ファッションという言葉は知らなくても、大きくなったら服飾関係に進むか、幼稚園の先生になりたいと思ってたみたいなの。

MORE　1979年11月号

いきなり鼻の頭に冷たい感触の白い線が一本ひかれた。ほのかに、白粉(おしろい)の匂いが辺りに漂い、母の鏡台と私の回りの空気をとりかこみ、溶けて行った。きのう庭に咲いていた、おしろい花の実を潰した時の、あの感触がした。紅筆で紅い口紅が唇を染めた。秋にたくさん咲く彼岸花の紅い色に似ていると思った。
その日は朝から家中に華やいだ空気が満ちていた。何かの儀式のように刺繍入りの半襟と薄桃色の絹の着物を着せてもらい、前髪を切り揃えた髪に、鶴の刺繍と紅い房のついたリボンを付けてもらった。鏡を見ると別の自分がいる。何だかそれがとても嬉しくて、秘密めいていて、大人になったような、私は女の子なんだという実感がした。

朝日新聞　2001年8月14日夕刊

1

なにか好きな服を着たいと思ったとたん、体の中の血がいっせいに変わってしまう。それがいつごろ、どこからきているのか考えてみると、小さい頃に御神楽(おかぐら)に夢中だったことから始まっているような気がする。

写真集「小夜子」　1984年9月23日

六歳の夏祭りの夜、神社の境内にある能舞台で、白い装束に白い面、髪に金の簪(かんざし)、五色の紐飾りのついた金の鈴を持って、ゆったりと舞う能神楽を初めて見た時、その美しさと神々しさに鮮烈な衝撃を受けた。漆黒に浮かぶ幽玄の、白い光の闇に、何時の間にか吸いこまれそうになっていた。

朝日新聞　2001年8月17日夕刊

中学生になってからは、自分でも雑誌の中から好きなスタイルを探して作ってもらうようになりました。毎月アメリカの雑誌「セブンティーン」を心待ちにして、今度はどんな洋服が載っているのか、どれを作ってもらおうかと楽しみでした。

私の服はすべて母が縫ってくれていました。私のために布を選んで、スタイルブックを広げ、縫ってくれた母の影響なのか、私もいつのころからかおしゃれをすることが大好きになりました。中学に入ると自分で「装苑」や「服装」、「セブンティーン」などから気に入ったスタイルを探すのも楽しみになりました。仮縫いをするたびに、新しい服への期待で胸がワクワクしたことを今でも思い出します。

小夜子の魅力学　1983年3月13日

母方のおばが『ヴォーグ』[*1]などの外国の雑誌を買っていて家にあったんです。それをいつも見ていて、そして日本のものでは中原淳一[*2]の『それいゆ』、それから母の時代には『令女界』というのがあったそうで、やはり少女向け雑誌です。そこで高畠華宵[*3]だとか蕗谷虹児[*4]が表紙を描いていた。

いつも母がそういう雑誌を見てつくってくれていたんですよ。母はおばたちの服もつくっていて、私のもつくってくれていて、いつも仮縫いを家でしていた。「ここからあそこまで歩いて」って言われて、スカート丈を何センチ延ばそうとか、ひだをもうちょっと多くしようとか、フリルは今回は付けようとか、ベルトの位置がこうだわ、というのがいつも日常のなかにあって……。

アサヒグラフ　２０００年9月29日号

当時元町にあった洋書屋さんで外国の雑誌を見ては、こんな服がいい、あんな服がいいと母につくってもらっていたんです。ほかの子と同じものを着たいという気持ちはまったくなくて、自分が好きな服を好きなように着たい。スカート丈や襟の形ひとつとっても、気に入らないと着たくなかった。着ていて気持ちがいいこと、独創的であることが、小さいながらに私の基準だったのです。

和楽　２００５年5月号

そうして作ったものを、私が少しずつ大きくなって着られなくなっても、一枚一枚きれいに洗ってたたんでしまっておいてあるのです。私もそんな母の影響で、高校生のころからの服は一枚も捨てずに自分でしまってあります。おかげで私の家は洋服があふれて、つい最近そのための部屋を一つ増築したくらいです。

小さいときは、保母さんになりたかった。それが中学生ぐらいから、どんどん背が伸びちゃって。どうしよう、モデルなら大丈夫、背の大きいのが生かせるな、って。

小夜子の魅力学　1983年3月13日

with　1981年10月号

高校時代にミニスカートに挑戦した時、どうしても白いブーツが必要だったのね。母にミニのワンピースを作ってもらい、白いブーツを探したのだけれど、どこにも売っていない。結局、白いブーツはPX〔米軍購買部の売店〕にあったのだけれど、こういう時、横浜にいたということが役に立っている。

写真集「小夜子」　1984年9月23日

まだ見ぬ外国への想いを抱え、学校帰りに必ず港に立ち寄って、停泊する外国船の数を数えながら青い海と、青い空の境目にある、遠い異国を想って夕暮れまで海を見ていた。

朝日新聞　2001年8月16日夕刊

1

高校を出て絵を描く学校に行きたかった。けれども両親が反対をした。「女の子が絵を描いてもしかたがない」ということだった。それで杉野（ドレスメーカー女学院）に行くことにした。

杉野はただただつらかった。宿題が信じられないほど多かった。毎日毎日、ほとんど徹夜で縫っても縫っても追いつかなくて、デザイナーになりたかったのだけれど、これはあきらめるしかないとおもったの。ほんの1ミリ曲がって縫ってもバッとほどかれてしまうほどきびしかった。

私は当時、学校のきまりで「ドレスメーキング」のモデルもやらされていた。それがジューン・アダムスさんの仮縫いの洋服を着るという仕事だったの。

写真集「小夜子」1984年9月23日

横浜の家から目黒の学校まで片道一時間半。たっぷりの宿題が毎日あり、そのうえ先生たちの仮縫いのモデルを頼まれていたので、その分他の人より忙しく、大好きで楽しい洋服作りも、その授業の厳しさ、大変さ、単調さにため息が出ることもありました。ちょうどそんなころ、プロのモデルにならないかと誘われました。それは私にとってもっと広い世界、未知のおしゃれの世界への誘いでした。

はじめて私が仕事で海外に行くことになったとき、母が、「なんだか小夜子が赤い靴の少女になったみたい。本当に外人さんに連れられて行ってしまうみたいね」と言ったことがありました。一年の半分以上を外国で過ごすことになる今の私の生活を、そのときすでに母は予感していたのかもしれません。

でも、いまだに私は自分がトップモデルであるという自覚がありません。寛斎*5さんや賢三*6さんやサンローラン*7やクロード・モンタナ*8や、その他世界のトップデザイナーの人たちの仮縫いやフィッティングをしているときも、いつしかドレスメーカー女学院の先生の仮縫いや、もっと小さなころの、母に仮縫いをしてもらっているときのような錯覚にとらわれることがあります。

そんなとき、たとえパリやニューヨークにいても、私の心の中には私が小さかったころの山手のたたずまい、木々のそよぎや風の匂いがよみがえってきます。まるで本当の私はまだ母の前に立っていて、ここにこうしてモデルとしている私は小夜子ではないような、夢の中に入り込んでしまったような気がします。

小夜子の魅力学　1983年3月13日

＊5▸**山本寛斎**（やまもと・かんさい）
1944年、神奈川県生まれ。

幼少期、父の洋裁業を手伝ううちにファッションデザイナーを志すようになる。日本大学進学後、有名デザイナーの下で働き、1971年に独立。同年には日本人としてはじめてロンドンでファッションショーを開く。以降エルトン・ジョン、スティーヴィー・ワンダーら有名歌手との交流を広げ、デヴィッド・ボウイのステージ衣裳を手がける。

パリ、ニューヨーク、東京など世界各地でファッションショーを行うほか、大がかりなライブイベントのプロデューサーとしても活躍した。

2020年没、享年76。

＊6▸**高田賢三**
1939年、兵庫県生まれ。

幼少期から『ひまわり』などの少女雑誌に親しみ、神戸市外国語大学を中退して上京、文化服装学院に学ぶ。

卒業後の1965年パリに渡り、デザイン画を描いて有名雑誌などに持ち込み、評価されるようになる。1970年パリに自らの店を開き、爆発的な人気を博した。「プレタポルテ（既製服）の旗手」と言われ、「KENZO」を世界的なブランドに成長させた。

2020年没、享年81。

＊7▸**イヴ・サンローラン**
1936年、アルジェリア生まれ。

パリのファッションデザイナー養成学校に学び、そのセンスを高く評価されて「ディオール」に就職。

1958年はじめてパリ・コレクションに出品。1961年に自らのメゾンを設立する。さらにプレタポルテにも進出し、パリにブティックを構えた。その作品は多くの上流階級女性の支持を受け、パリのファッション界の頂点に立った。

2008年没、享年71。

＊8▸**クロード・モンタナ**
1949年、フランス生まれ。

渡英し、ジュエリーデザイナーとしてキャリアをスタートさせる。1976年からコレクションを発表し、ファッションデザイナーとしての存在感を確立させる。

80年代を代表するデザイナーとして一世を風靡し、メンズコレクションにも進出した。

注

＊1▸『ヴォーグ』
ハイファッションの最先端をいくファッション&ライフスタイルマガジン。

イギリスで創刊されたあと、20世紀はじめにフランス版が大成功し、世界的にその名を知られるようになった。新進モデルの登竜門としても知られ、超一流モデルを数多く輩出している。

1973年から月刊化。

アメリカ版『ヴォーグ』の編集長を務めたアナ・ウインターは映画『プラダを着た悪魔』のモデルになった。

＊2▸中原淳一
1913年、香川県生まれ。

幼少期から絵画やデザインの才能に恵まれ、洋品店のデザイナーを経て、1932年に銀座松屋で開いた自作のフランス人形展が絶賛され、そこから雑誌『少女の友』の専属挿絵画家となる。

戦後は婦人雑誌『ソレイユ』、少女雑誌『ひまわり』を創刊するかたわら、ミュージカルの演出・プロデュースも手掛ける。1959年に脳溢血で倒れて以降自宅で療養生活を送った。1983年没、享年70。

＊3▸高畠華宵(たかはた・かしょう)
1888年、愛媛県生まれ。本名・高畠幸吉。

京都市立美術工芸学校日本画科で竹内栖鳳らに学び、画家としての活動を始める。明治末期に広告画で注目を集め、講談社創業者の野間清治と知り合ったことから、『少女画報』『少年倶楽部』などの雑誌の挿絵、表紙絵を描くようになる。その繊細で独特なタッチが読者を魅了し、大正ロマンを代表する画家となる。

とくに描く人物のファッションにこだわり、多くの読者に影響を与えた。

戦後は渡米して画業の指導などを行った。再評価の気運が高まるなか、1966年没、享年78。

＊4▸蕗谷虹児(ふきや・こうじ)
1898年、新潟県生まれ。本名・蕗谷一男。

日本画家を目指し、15歳で上京する。竹久夢二の知遇を得たことから、その紹介により雑誌『少女画報』に挿絵を描くようになる。さらに新聞連載小説の挿絵や、雑誌『令女界』の挿絵などで人気を博し、詩作や書籍の装幀などにも活躍の幅を広げる。

1925年に渡仏して西洋画を学び、帰国後は再び少女雑誌各誌に挿絵を寄稿。

戦後は絵本の挿絵などを描いたほか、アニメ映画の監督も務めた。日本画の手法をベースに和洋折衷の優美な美人図を描き、独特の世界観を構築した。

1979年没、享年80。

2

黒髪、おかっぱのモデル

「幸せな子供時代でしたね」って言ってくださったけど、そういうふうに十代のときは思っていなかった。二十代も仕事はすごく華やかなんですけど、心の底を埋めていくものはいったい何が埋めていくんだろうと考えていた。でも、いまはそういう思いはなくなった。いまはどんなことも楽しく思えます。何年も前から、思えるようになってきたんだけど。十代の後半には、すごく暗かったんですよ。太宰治の「人間失格」を読んでいたり……。

アサヒグラフ　2000年9月29日号

10代は今でいう、引きこもり気味の少女。20代は仕事をしているものの、先が見えないことのつらさで落ち込むこともよくあった。

流行の中にある仕事は移ろいやすく、表面的なことではないかと思うところもあって、精神的なアップダウンがあった。でもダウンしたときは街に出て、様々な本や美術、映画や絵画、音楽などに助けられた。

そして同じ思い、同じ感性の人たちと出会い、人前に出て恥もかいて、そこからさらに何かができるようになって、どんどん楽しくなっていった。

薄紙を1枚1枚はぐように、ページを1枚ずつめくるように、少しずつ自由になっていったの。

クロワッサン　2005年12月25日号

モデルの仕事は、やっぱり私には合わないって悩んでいたのね。もうやめて、また服を創るほうへ戻ろうって考えてました。そんなとき、ナオミ・シムス[*1]っていうニューヨークから来た黒人のモデルさんのショーを見たんです。黒人だから差別もあったはずなのに彼女は立派にモデルとしてやってるし、とにかく、とても美しかったのよね。黒人には黒人の、東洋人には東洋人の美しさがあって、いいはずだっていうことを、改めて思い知らされました。そして、私もモデルを続けていけるかもしれないって、思ったの。

MORE　1979年11月号

プロのモデルになる勇気を与えてくれたのは、黒人モデルのナオミ・シムスの美しさと、当時、おもいきって坊主頭にして話題をよんだ山佳泰子さんだった。二人の勇気に励まされて、私は「日本人の誇りをもつ美しさ」に賭けてみようとおもったのね。それまでは

――今でもそうなのだけれど――自信なんてまるっきりなかった。むしろ途中でやめたくなっていたくらい。本当は、一度は本気でやめようとおもって、普通の女の子になろうとした。それで、母に髪を切ってもらっておかっぱ頭にした。普通の髪にしてモデルをやめようと考えたの。

写真集「小夜子」1984年9月23日

私のヘアスタイルは小さいころからずっとおかっぱでした。もちろん長くなったり短くなったり、あるいはカールしていたりというくらいの変化はありますが、基本はおかっぱです。今からもう十年くらいも前、モデルをはじめたころはちょうどハーフのモデル全盛のころで、髪を染めるのが普通のことでもありました。私もあちこちにオーディションを受けに行くと、「黒い髪は重いから染めていらっしゃい」とよく言われました。メイクアップでも〝外人のように〟しなさいと言われましたけれど、私の顔だちは典型的な日本人の顔なので、髪を染めても似合わないのです。

そのころ、仕事に行くとかつらがいくつも用意されていて、この洋服にはこのかつらをかぶって、なんていうことがありました。でも、自分の髪を染めるのはどうしてもいやでした。黒い髪は、扁平な日本人の顔を引き締めるし、そういう日本人にピッタリ合う髪の色を神様が決めてくださったのだとも思っていました。

小夜子の魅力学　1983年3月13日

どこへ行っても、髪を染めてらっしゃいとか、もっと外人ぽくメイクしなさいって言われたの。その度になさけなかったし、どこかが間違ってるのじゃないかって気がしました。

MORE　1979年11月号

一度だけ、母に「どうしてハーフに生んでくれなかったの」ということを言った。でも、そのうち日本人であることが誇りになってきた。

おかっぱにしてしばらくしてやまもと寛斎さんのオーディションがあって、そのおかっぱのままで受けてみたら通ってしまった。落ちたらやめようと決意していたの。でも、通った。その時から、ずうっと今日までおかっぱ――。

写真集「小夜子」　1984年9月23日

今思い返してみると、モデルになることに迷っているときにはきまって、やまもと寛斎さんの服や、寛斎さん自身との出会いがありました。

私がまだ杉野学園ドレスメーカー女学院の学生で、先生の仮縫いと山のような宿題に押しつぶされそうな日々を送っていたころ、ある日、渋谷の西武デパートで衝撃的なほどに美しい洋服を見ました。

そのころ渋谷・西武には、前衛的な洋服を斬新なディスプレイで見せるカプセルというスペースがありました。その一つのコーナーにあった服に、私はひどくショックを受けたのです。

それまで見たこともない服でした。学校で習っている◯◯ラインや××シルエットというのとはまるで無関係な、学校でいいとされていることと反対のことをやっている服で、それがとても美しかったのです。ラベルを見ると〝KANSAI〟と書いてありました。そのときの私は、それが人の名前であることさえ知りませんでした。それが私と寛斎さんの服とのはじめての出会いでした。その後あちこちで面白いなと思う服を見ると、どれにも

ＫＡＮＳＡＩというラベルがついていて、私はすっかりそんな服のとりこになってしまいました。

「こんな面白い服を着て仕事ができるのだったら、モデルになってもいいな」ちょうどそのころ、プロのモデルにならないかという誘いに迷っていた私の心に、それらの洋服が答えを出してくれたように思えます。

小夜子の魅力学　１９８３年3月13日

二十代のころ、三十代前半のころって、私、つらかったの。仕事が成功したり、「小夜子サン」てみんなに言われたりするけれど、心のなかがとても空虚というかね。それはそれで仕事は楽しいんだけれど、でも、自分の心は満足できていない。自分の心が育っていないし、自分自身がただ表面的な部分で見られているという感じがして。心のなかを埋めていく、自分自身が成長するためには、ここで自分がその甘いお菓子の方向に行ってしまったら、絶対、人としてだめになってしまうという気がして、それでいつも葛藤していました。泣いてたよ。家でね、人前では泣かないけど。

だから心に関する本をずいぶん読みました。この気持ちを満たすのは何なんだろう、生まれて生きることって何？　って思ってた。人は「小夜子サン」って言ってくれるけれど、どうして生まれて生きるの、ということがすごく疑問だったの。

アサヒグラフ　２０００年９月29日号

最初の二年間は、仕事らしい仕事はなかったけど、そのころに、今も忘れられない思い出があるんです。東京で何年ぶりかの大雪が降った日に、あるカメラマンの人のところにカメラ・テストを受けに行ったんです。雪の中を何度もころびながら。シャドーはとけるし、メークはもうメチャクチャ。そのとき、一緒にいたマネジャーの人が、私にこういってくれたんです。〝小夜子、この雪の冷たさを忘れちゃいけないよ。これからどんなに辛くても苦しくても、この冷たさを思いだせば、頑張れるはずよ〟って。私、今でもその言葉をハッキリと覚えているの。

ヤングレディ　１９７７年４月12日号

注

＊1▸ ナオミ・シムス

1948年アメリカ、ミシシッピ州生まれ。

13歳で身長178センチに達したことから、学校では浮いた存在だったという。

ニューヨークのファッション学校で学ぶかたわら、ニューヨーク大学で心理学の講座を受講。「肌の色が黒すぎる」という偏見と闘いながら、1960年代末よりモデルとしての活動を始める。『ライフ』などの有名雑誌の表紙に起用されたはじめての黒人女性となり、「ブラック・イズ・ビューティフル」運動の象徴的な存在として世界的な名声を博した。

美容や健康についての本の著者としても成功を収めている。

2009年没、享年61。

exhibition Noriaki Yokosuka Original Positive Film

衣装制作　櫻井利彦

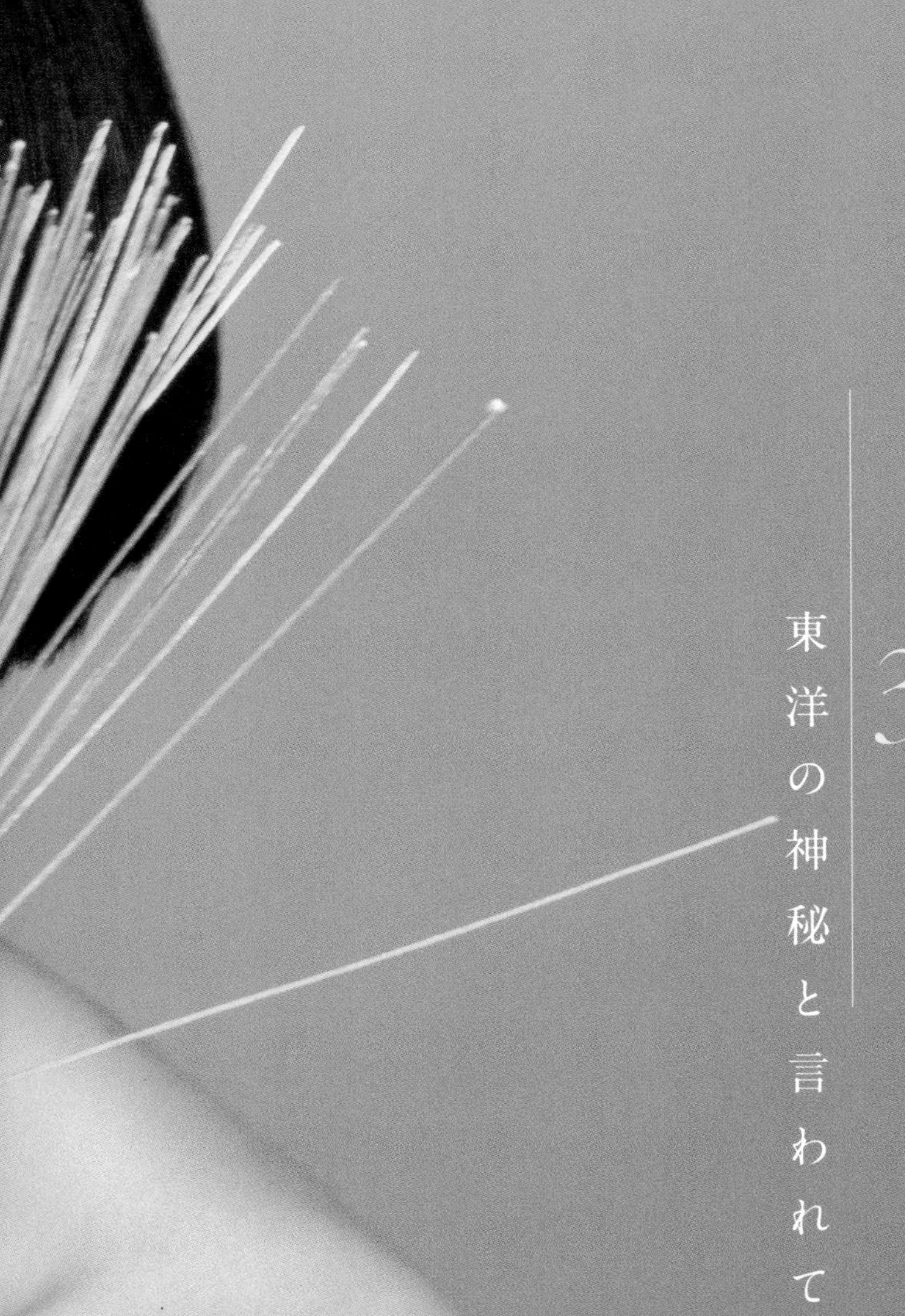

3 東洋の神秘と言われて

はじめてパリに行ったときのエピソードはたくさんあって、そのひとつひとつが想い出深く、語りつくせないことばかりです。
今からもう十年近く前、ジャン＝マリー・アルマンというオートクチュール[*1]のデザイナーの招待で、私はパリに行ったのでした。

小夜子の魅力学　1983年3月13日

私には、なぜ西洋人がベストなのか、そして西洋人の模倣をしなければいけないのかがわからなかった。日本人には日本人にあうヘアメイクをするのが一番美しいと思っていたから自分のスタイルは変えなかったの。仕事もないまま1年が過ぎて、モデルをやめようかと思っていた頃、海外のデザイナーや雑誌社の人々がたびたび来日するようになった。西洋人にとっては私の容姿が、新しい個性と映ったんでしょうね。それからは仕事がどんどん広がっていったの。

Ｆｒａｕ　２００５年11月5日号

ジャン＝マリー・アルマンさんが、前に日本にいらしてショーをなさった時、たまたま私もそのショーに出演していたんですね。それがきっかけで、今度のパリ・コレクションにぜひ来てくださいというお話をいただいて。その時私は、そんな遠い外国にひとりで行くのはいやだと、さんざん抵抗したんですけれど、日本のファッション業界の方々から「とんでもない、行かなきゃだめだ、とにかく行きなさい」と強く勧められて、しぶしぶ行った感じなんですよ。

鳩よ！　1993年4月号

パリに来てほしいと招待を受けたとき、最初は躊躇しました。なぜ私が必要なのか、よくわからなかった。〝小夜子はそのままでいい〟と言われて、心から驚いたほど。オカッパのヘアスタイルで黒髪。西洋的なモデルとまったく異なった私に、〝そのままでいい〟と言った人はそれまでいませんでしたから。なぜ、〝そのままでいい〟のか、パリで仕事をしていくうちに段々理解できるようになりました。黒髪、切れ長の目、小さい鼻の私の顔は、彼らにとって日本的であり、今までになかった個性だったのです。

和楽　2005年5月号

そのときが、初めての外国旅行だったの。なぜか南回りで行っちゃって、着いたときは緊張感と疲れで、もうフラフラ。空港からタクシーでどこかのレストランに行ったのだけど、気分が悪くて、トイレに立とうとしたとたん、フーッと意識がなくなって。その間、私は日本にいると思い込んでたらしいの。『私帰る』って家へ帰るつもりになって意識をとり戻したら、音楽みたいにフランス語が耳のところで聞こえて、金髪の人が、ぐるりとのぞきこんでいるじゃない。そのとき、ああ、私はパリにいるんだって、思ったの。それからタクシーを拾ってホテルへ帰ろうとしたのだけど、また路上で気絶しちゃったのね。

私、向こうでは毎晩泣いてたの。でも寂しくてじゃないの。親切にしてもらっても、何がうれしかったとか、どれほどうれしかったかを伝えることが出来ないのが辛くて辛くて。

MORE　1979年11月号

私にとって初めての外国で、初めて飛行機に乗って、言葉も仕事のことも本当に何にも分からなくて。

とにかく毎晩泣いていたっていうか、夜になると思わず知らず涙が出ちゃうんです。みなさん、とても親切にやさしくしてくださるんだけど、言葉をかけられても本当に何を言っているのか分からなくて、全部、自分の悪口を言われているような気がするんですね。それに、外国って、ドアひとつ開けるのにも日本のドアのしくみと違うでしょ。シャワーのお湯を出そうにも水が出ちゃったり、車の窓の開け方も反対だったり（笑）。そういうことばかりで、毎晩毎晩泣いていて、心労から貧血を起こして倒れてしまったこともあったんですよ。

嶋よ！　１９９３年４月号

お金がなかったので、インスタント・ラーメンをたくさん買いこんでいったんです。むこうで毎日それを食べて暮らしていた。

ヤングレディ　１９７７年４月12日号

私は泣き虫。あまり怒れない。だから泣くのかもしれない。ワーワーと泣かないで、シクシクと泣く。

犬が死んだ時、三日間にわたってずうっと泣いた。それこそ何もしないで泣きつづけた。あまりに泣いて目が充血しておかしくなった。目の白いところが本当に血の色になってしまった。血管が切れたらしいのね。お医者さんも原因を聞いてあきれていた。

初めてのパリ・コレの時も一人になると泣いていた。山岸涼子さんの『アラベスク』[*2]という漫画を読んでも泣くの。この時は一晩でティッシュペーパーが一箱全部なくなった。家中で笑われたわ。きっと主人公にわが身を置き換えるのね。読み返して同じ箇所にさしかかると何度でも泣いてしまうの。

写真集「小夜子」1984年9月23日

オートクチュールのショーは長い期間拘束されるので、そのときは一か月くらい滞在していたでしょうか。頼っていくことになっていた日本人がとても冷たくて意地悪で、私は毎晩泣いていました。それにひきかえジャン＝マリー・アルマンのアトリエのスタッフは、みんなとても親切で、そんな私を慰めようとあちこち連れて行ってくれるのですが、その優しい心が身にしみて、また涙が出てきてしまうのです。

そんなある日のこと、彼らがまた私をどこかに連れて行くのです。着いたところは「フレンチ・ヴォーグ」の編集部でした。

長いこと待たされた後、一人の男の人が忙しそうに飛び込んできて二言三言、私と一緒にいたジャン＝マリーの秘書と話してまた出て行きました。それがギィ・ブルダン[*3]だったのです。

次の日、私は彼のテスト撮影を受け、「ヴォーグ」のビューティページのモデルをすることに決まりました。しかし、言葉がまるで理解できないので、どこに行って誰と会って何をすることになったのかさっぱりわからないまま、私は彼の撮影に出かけてはじめて、そこに来ていた通訳の人からいろいろな事のいきさつを聞いたというしだいでした。

小夜子の魅力学　1983年3月13日

メ

インのモデルだったので、かなり何着も。確かウェディングドレスも着ました。その時に『ヴォーグ』の編集の方が見に来ていらして、そのあとすぐ、『ヴォーグ』のビューティのページに私の写真が紹介されて、次のシーズンからパリ・コレクションに少しずつ参加するようになったんですけれど。

鳩よ！　1993年4月号

私が「ヴォーグ」に出たということを知ると、周囲の人の態度がガラリと変わりました。それまで取りつく島もないほど意地悪かった日本人が、まず手のひらを返したように私に接してきましたし、日本に帰ってからは、それまで私のメイクや髪の色を否定していた人たちが、そのままがいいのよ、なんて言うようになりました。

小夜子の魅力学　1983年3月13日

『ヴォーグ』のビューティ・ページで紹介されたら、ほかの国のモデルさんから、〝小夜子の鼻は小さくていい〟とうらやましがられました。日本人特有の歩幅の狭い、ちょこちょこした歩き方がきれいだとほめられたこともあります。日本でオーディションに落ち続けていたころは、小さい目も低い鼻も、まっすぐで黒い髪も、すべてコンプレックスの要因だったのに。あれはしてはいけない、こうしなければいけないばかりだったころとは、180度変わって、私は、初めて自分のままでいい、という自由を実感することができたのです。

和楽　2005年5月号

私がモデルをちょっとやり始めた七〇年代の初め頃、〝ブラック・イズ・ビューティフル〟というスローガンのようなものがあって、ナオミ・シムズのようなパワーのある黒人モデルたちが次々に世に出たんです。
それがとても素晴しかったということもあって、黒人の他に東洋人のモデルも増えていったんです。ちょうどそういう時期に平坦な顔立ちと西洋人にない肌の色、髪の色や歩き方の、日本人なら誰もが持っているそのまんまのものを私が持って、タイミングよく外国に出て行ったということだと思うんです。

週刊文春　1989年1月19日号

ちょうどベトナム戦争のころだったので、いつもニュースで世界の状況を見ていて、アジアの国々の風景が画面に出てくる。そこで、アジアの女性たちのパーマのかかっていない黒髪を見たとき、とても美しいと思ったの。そしてベトナムの女性たちの着る真っ白いアオザイに真っすぐの黒髪。なんて美しいバランスとコントラストなんだろう、と。

そのころ、アメリカでは「ブラック・イズ・ビューティフル」という黒人の運動があった。その当時、黒人のモデルは考えられなかった。白人が一番だったでしょう。それが黒人のスターモデルが何人か出てきたんです。それは素晴らしいことだなって思ったの。みんな平等だって思ったの。黒い肌の美しさ、日本人や中国人の美しさ、そして白人の美しさ、それぞれの美しさがあるんだ、ということは私のなかですごくあったの。それらが全部ひとつになって、「ああ、それじゃあ、髪は染めなくたっていいんだ。それは不自然じゃないか。なぜそんな不自然なことをするんだろう」と思ったの。

アサヒグラフ　2000年9月29日号

サンローランという人をそのときまで私は全然知らなかった。でも、楽屋での彼の姿、服に対する情熱、愛情にすごく感動してしまったんです。ちょっとでも自分のイメージと違ったスタイリングをしているときなど、それこそ髪のリボンをわしづかみにして取ってしまうほど。ショーの途中で、彼は意識をなくして、二度も倒れたんです。でも気がつくとぱっと起き上がって、すぐチェックを始め、しばらくして気を失って……。ショーが終わったあと、彼は涙を流していたわ。まわりの人もみんな泣いていた。そのとき私思ったの。ああ私が今いる世界は、こんな世界なんだなあって……。

ヤングレディ　1977年4月12日号

三宅一生さん[*4]には、ありとあらゆる美しいものを見させてもらったの。日本の伝統芸能や、世界の絵画、演劇、建築など、多くのアート作品やストリート……。モデルだからといってファッションだけを勉強するのではなく、他の分野の表現方法を体験することの重要性も教えてくれた。創造することの原点を知っているならば、消費されることのない表現者になれると学んだの。

美しいものが大好きで、シャイな少年のような雰囲気を持っていたイヴ・サンローランには、コーディネートの素晴らしさを教えられた。色の組み合わせ、素材の組み合わせ、フランス人ならではの黒のあり方、そして黒の質感をとらえる感性が素晴らしかった。服はシンプルなのに、靴やベルト、スカーフ使いなど、小物によって、見事なイヴ・サンローランの世界が生まれていくのよ。

ケンゾーさんは、イノセントで、優しくて、おごらない、まるで御伽噺の中に住んでいる少年のような人。あれほどパリの人々から愛された人はいない、フランス人のアイドル的存在だった。綺麗なものを作るのが大好きで、世界の女性像を、カジュアルで楽しくて、かわいいいものに塗り替えたのがケンゾーさんなのよ。

Frau　2005年11月5日号

ケンゾーさんが証券取引所の古い建物を会場にして、雑誌の人気モデルだけを出演させたコレクションを開いたのです。雑誌でおなじみの顔がつぎつぎと登場するのですから、会場はとても盛り上り、実際には売らないけれども、ショーとしての効果のある服やそのときどきの一番新しい音楽、思いがけない使いかたによってケンゾーの世界＝新しいプレタポルテのジャンルを確立していったのです。

宝島　1992年5月9日号

ティエリー・ミュグレー[*5]は彼自体がコメディ・フランセーズの一員だったこともあって、劇的な感覚を要求する。だいたいは強い女を要求する。服のひとつひとつにもイメージの言葉がある。

ジャン・ポール・ゴルチエ[*6]はちょっと詩的な要求をする。エディット・ピアフ[*7]の世界とかね。モンタナはつねに強いけれどもクラシックでシックな気持を期待してくるわ。そこで、絶対に腰から手を離さないとか、肩は絶対に振らないとかの歩き方になるわけね。そうしたなかで、一番強烈な要求をするのは寛斎さん。

写真集「小夜子」 1984年9月23日

ひとつのことをやろうと決めたらぐいぐいと前に進んでゆくエネルギーと、東洋の精神、日本人の魂を洋服に投影しようとする寛斎さんの生き方は、私自身のゆく方向や表現すべきテーマをも示唆してくれるものでした。

小夜子の魅力学 1983年3月13日

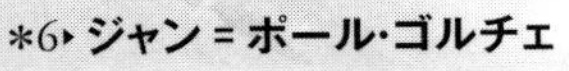

1952年、フランス生まれ。
ピエール・カルダンのアシスタントを経て、1976年に自らのブランドを立ち上げ、はじめてのショーを開催する。オンワード樫山グループのデザイナーを務め、日本でも多くのファンを獲得する。

＊7▸ エディット・ピアフ

1915年フランス、パリ生まれ。

貧しい生い立ちで、パリのストリートシンガーとして活動する。著名なナイトクラブで歌っていたところを見出され、レコードデビュー。一度耳にしたら忘れられない歌声で大ヒットし、国民的なシャンソン歌手となる。戦後はヨーロッパはもちろんアメリカでも公演し、テレビ出演などを通じて世界的な知名度を高めた。

1963年がんにより逝去、享年47。

注

＊1▸ オートクチュール
パリ・クチュール組合に所属する店(メゾン)が、顧客からの注文によってつくる一点ものの最高級仕立服。

＊2▸ 山岸凉子の『アラベスク』
1970年代のウクライナ・キーウ(キエフ)やロシア・レニングラードなどで学ぶバレリーナを主人公にした漫画。1971年から1975年にかけて『りぼん』、『花とゆめ』に連載され、単行本化されて大人気を博した。

＊3▸ ギィ・ブルダン
1928年フランス、パリ生まれ。

空軍在籍中に写真の技術を学び、復員後はカメラのレンズのセールスマンなどとして働く。シュールレアリストとして著名なマン・レイに師事し、ファッションフォトグラファーとして活動を始める。1955年から『ヴォーグ』誌でファッション写真を発表するようになり、その実力を高く評価される。

独創的、挑発的なスタイルで知られ、もっとも成功したファッションカメラマンの一人と評される。

1991年没、享年62。

＊4▸ 三宅一生(みやけ・いっせい)
1938年、広島県生まれ。本名・一生(かずなる)。

幼少期から絵を描くことが好きで、『ヴォーグ』などのファッション雑誌を模写していた。多摩美術大学在学中からファッションデザインを志し、1965年にパリに渡る。現地のファッション学校などで学んだあと、ニューヨークに渡り経験を積む。

1970年に帰国、日本を拠点に自らのコレクションを発表し、「ISSEY MIYAKE」ブランドでパリ・コレクションなどに出品した。

2005年高松宮殿下記念世界文化賞受賞、2010年文化勲章を受章。

2022年没、享年84。

＊5▸ ティエリー・ミュグレー
1948年フランス、ストラスブール生まれ。

幼少期はクラシック・バレエを学び、ダンサーとして活躍。パリに移ってファッションを学び、フリーランスのデザイナーとして活動する。多くの有名アーチストの支持を集め、デヴィッド・ボウイらとコラボレーションするなど、1980年代を代表するデザイナーとして多くの後進に影響を与えた。

2022年没、享年73。

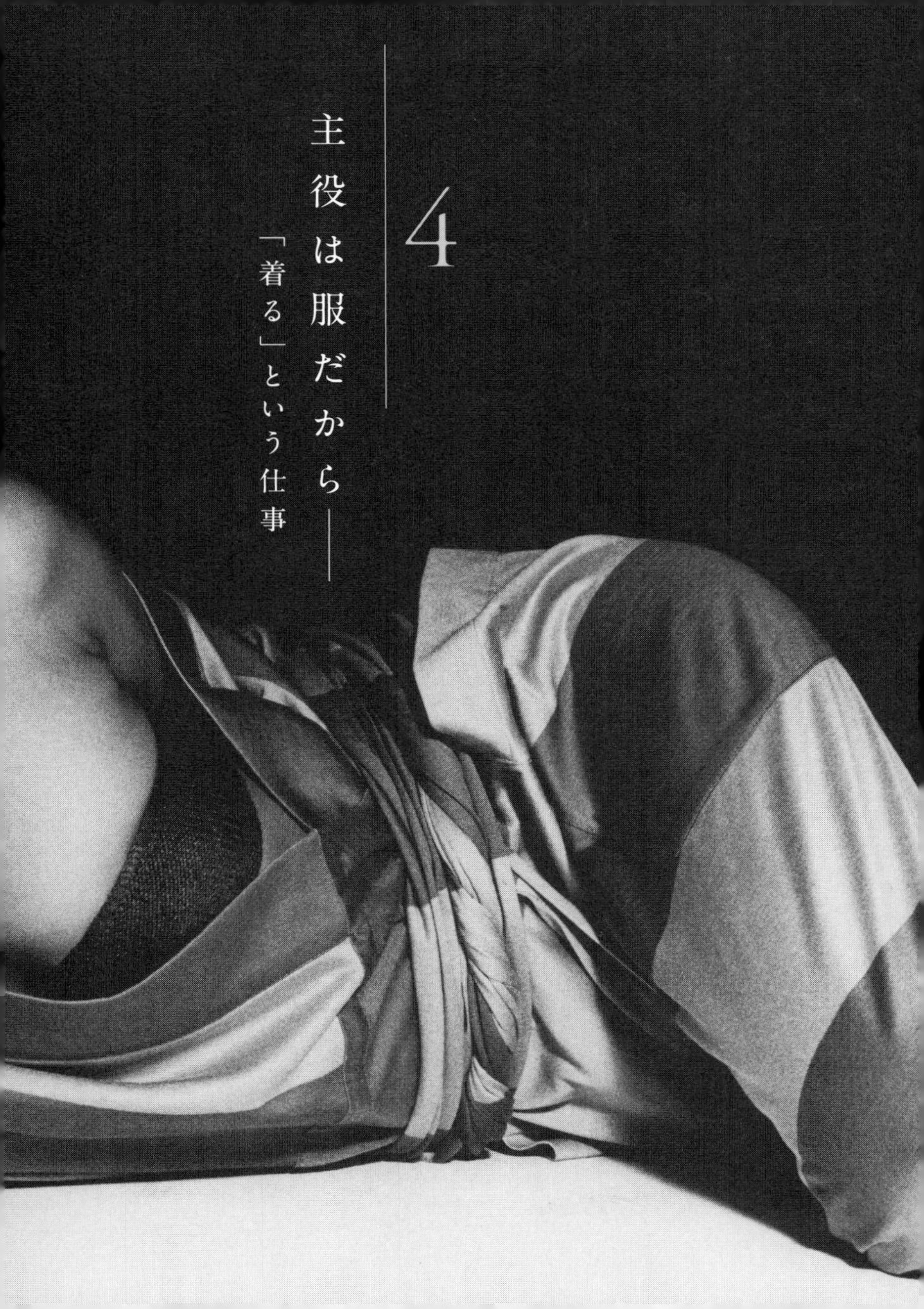

4

主役は服だから──「着る」という仕事

一番私が興味を持ったり、好きな人は、個性がものすごく強くて、自分の主張がはっきりあって、世界がとにかく強い人。難しい服。そういう人たちの服が好きです。やりがいがあります。

「徹子の部屋」 テレビ朝日 1981年1月14日

ショーで、まだ100パーセント満足したことはないの。いつも、あそこでもう少し高く手をあげればよかったとか、後悔が残ってしまう。

服が主役だと思うの。モデルというのは素材や色と同じに、服を表現するための陰の仕事なんです。だからその表現の1つとして、今度のことも考えています。

MORE 1979年11月号

いったいモデルは何をするのかということ、それをいつも考える。いつも悩む。おそらく、「動きの発見」ということが私たちの職業の責任なのではないかとおもう。でも、ショーが終わってから発見することもある。

写真集「小夜子」 1984年9月23日

いかに服を生かしきるかが、モデルに課せられた使命。私は、難しいといわれている服を与えられるのが、とても好きでした。どんなふうにしたら、自分流に着こなせるのか、そこに命を吹き込めるのか。それを攻略するのが、とても面白かったのです。反対に、普通にきれいな服を与えられると、どうしていいかわからなくて、歩けなくなってしまったこともあるほど。自分らしさがなければ着られない。それは今も同じです。

和楽　2005年5月号

長いことファッションの仕事をしていると、次にはこんなふうになりそうだなというのがわかるようになります。そんな勘が働いたら、デザイナーが発表する前に自分で流行しそうなタイプのものを着てみて動きを考えておくこともあります。そうすると、実際に新しく発表されたものを着ても、すぐに服の心がわかるし、体が自然にその服の雰囲気を出せるのです。革が流行りそうだと思ったら革を着てみる、中国風が流行りそうだと思ったら中国風なものを着てみるといった具合です。デザイナーが発表する作品はもちろんもっと洗練され、こなれたスタイルとして出てくるのですが、自分が考えていた方向と同じだった場合は本当にうれしくなってしまいます。

小夜子の魅力学　1983年3月13日

ファッションには今までずっと規制がありました。女性は肌を出してはいけない、コルセットをつけてウェストは絞られていなければならない。例えばTシャツもそもそもは下着だった。そこでそれを身につけることは「私たちはこういう生き方をする」という主張だったんです。ファッションとは主張ですし、規制を壊すような服を身につけるということがイコール、アウトサイダーだった。でも過去の人たちが一生懸命戦った結果、今は壊すべきタブーがなくなってしまった。それに80年代から、企業がファッションをビジネスとして捉えはじめ、売れて数字につながるよう、誰でも買えるようなものしか作れなくなった。

ファッションはアートではありませんから、クリエイティビティとビジネスの両立ができるデザイナーが優秀ではあるけれども、若いうちからそこを目指すとどうしても横並びになりがちなのかな、と思います。

スタジオボイス　2002年10月号

モデルらしいことは何もしていません。ただ、なるべくたくさん食べようとは思っていますが。

だからね、仕事をしているときが、わたしのストレス解消のときなのかもしれない。

深く考えれば、モデルの仕事はむなしいものかもしれない。どんなに美しく装っても、その場限りです。でも、それはモデルをしている以上、仕方のないことだと思うんです。だからこそ、今は勉強の時だと思って、やがて違う形で自分を表現することをしたいと思っているんです。

with 1981年10月号

いつも寝てたいし、何もしたくないし、仕事もしたくない、もうダラダラしてたいのね。それが自分の中にあるのが判っているわけ。この気持ちを野放しにしてると、もうどんどん行っちゃうっていうのが判るから、もうひとりの私がいてそっちはいつも強い人なのね。その人が『だめだ、だめだ。ちゃんとしなさい』って言ってくれるわけね。

仕事では泣かない。
ガンバロウと思うだけ。きっと自分に対して泣いちゃってるんだと思う。

PENTHOUSE 1984年10月号

4

高田賢三氏と

セルジュ・ルタンスと

三宅一生氏と

パリ・コレクションでイヴ・サンローランのショーに出演（1985年）

わたし全部ダメなんです。ほんとに全部、きらいなのネ、だからコンプレックスのかたまりなの。

サンデー毎日　1983年1月30日号

自分自身に一度も自信をもったことがないの。すべてにコンプレックスがある。渦巻いている。それが写真を撮られている時、不思議なことに眠くなってしまったりして、いろいろのことを忘れてしまうのね。

写真集「小夜子」　1984年9月23日

普段はすごい恥ずかしがり屋でだめなの。ただ、ステージの上に上がると何かわかんないけど、元気が出ちゃうんじゃないけど、変わっちゃうの。

サンデー毎日　1983年1月30日号

写真を撮られている時、私はひょっとしたら自分の本当が出ているのかもしれないとおもうことがある。いつもよりおもいきったことができるのはそのせいかもしれないの。それに比べると、ふだんはかえって仮面をかぶっているのかもしれない。

写真集「小夜子」　1984年9月23日

スーッとして、自分がまっ白になっていくみたいになって、落ち着いて振るまえるようになるの。いつか見た映画のシーンや雑誌のページが、蘇ってきて、ああこの服は、こういうふうに表現すればいいんだなってことが、体で分かるのね。

MORE 1979年11月号

5 ふだん着のパリ

外国に住むんだったらパリがいいわ。コレクションも終わってひっそりする晩秋のパリ。好きです。朝の八時だというのに、まだ真っ暗で、それでも人は仕事に急ぐ。そんな風景を、ホテルの窓から見るのも好きなんです。その後の忙しさを忘れて……。

with　1981年10月号

日本とのいちばん大きな違いは空気でしょうか。パリの空気は青っぽく光が柔らかいのです。日本だったら初秋の高原の朝早い空気、そんな透明で青っぽい感じがパリの空気なのです。私は実は少女マンガが大好きで、「ベルサイユのばら」や「オルフェウスの窓」「風と木の詩」など夢中になって読みました。ですから、マンガの舞台になっているパリの街々やベルサイユ宮殿などに行くと、すっかりマンガの世界の人になりきって、一人でいい気分になってしまいます。

小夜子の魅力学　1983年3月13日

パリの街でふつうの人のなんでもないスカーフの巻き方に感心したり。ほんとに、パリの人々って粋なんですもの。

with　1983年8月号

5

よく聞かれるのだけれど、住んだことはないの。仕事の度に行っているんです。たいてい凱旋門の近くのホテルに泊まります。特別にどこと決めているわけじゃなくて、予約できるところを適当に選んで……。
パリは、初めて行った外国の街だし、年に4回くらい行っていたので、やはり馴染みが深いですね。日本人も本当にお洒落になったと思いますが、パリでいつも感心するのは一般の人のお洒落が素敵なのね。まだ日本では電車に乗ったりすると、服に構わない人も多いでしょう。でもその点、パリの人は皆色の使い方やちょっとした組み合わせがシック。お洒落に厚みがあるのね。

マリ・クレール　1989年8月号

パリではコレクションの翌日、もう町じゅうがその服装に変わっていたりと、街とデザインのムードすべてが繫がっていた。賢三さんがパイレーツ（海賊）ルックを発表した時は、すぐにみんながアイパッチをしてスカーフを頭に巻きました。つまり、街でお洒落に突出した子達が秘密にやっていたファッションを、大々的にモードに変えてしまったんです。今はハイファッションとストリートとが分かれてしまっていますが、街を見なければファッションの本質は絶対にわからないと思います。

スタジオボイス　2002年10月号

一輪の花

初秋のそよ風がパリの街に金木犀の香りを運んで来る
パリコレクションでのある時私はその日のコレクションが終わってたくさんいただいた花
束を抱えてホテルに戻った
いつもロビーですれ違う初老の紳士とその日もすれ違った
「美しい花ですね」と紳士に声をかけられたので思わず私は花束の中からバラの花を一輪
取り出して彼にプレゼントした
紳士はとても嬉しそうに丁重に私にお礼を言った後いきなりポケットからサバイバルナイ
フを取り出し自分のジャケットの胸の辺りを切り裂いた
「私のジャケットにはポケットがついていないので」と言いながら　バラの花を裂目にさ
した
金木犀の香りが強くなった気がする
翌日　ホテルに戻るとロビーに警察官が沢山いて一枚の写真を見せられた　その写真はあ
の紳士だった

今日この男がこのホテルの全ての部屋から金品を盗んで逃げた
でも何故か貴方の部屋だけには入っていないという事を警官は不思議そうに私に伝えた
……

サンデー毎日　２００１年11月４日号

郵 便 は が き

料金受取人払郵便

小石川局承認

1162

差出有効期間
2026年9月9日
まで

112-8731

東京都文京区音羽二丁目
十二番二十一号

講談社
第一事業本部企画部
ノンフィクション
編集チーム 行

★この本についてお気づきの点、ご感想などをお教え下さい。
(このハガキに記述していただく内容には、住所、氏名、年齢などの個人情報が含まれています。個人情報保護の観点から、ハガキは通常当出版部内のみで読ませていただきますが、この本の著者に回送することを許諾される場合は下記「許諾する」の欄を丸で囲んで下さい。

このハガキを著者に回送することを 許諾する ・ 許諾しない)

TY 000077-2406

愛読者カード

今後の出版企画の参考にいたしたく存じます。ご記入のうえご投函ください（2026年9月9日までは切手不要です）。

お買い上げいただいた書籍の題名

a　ご住所　〒□□□-□□□□

b　お名前（ふりがな）

c　年齢（　　　）歳

d　性別　1 男性 2 女性

e　ご職業（複数可）　1 学生　2 教職員　3 公務員　4 会社員(事務系)　5 会社員(技術系)　6 エンジニア　7 会社役員　8 団体職員　9 団体役員　10 会社オーナー　11研究職　12 フリーランス　13 サービス業　14商工業　15自営業　16農林漁業　17主婦　18家事手伝い　19ボランティア　20 無職　21その他（　　　）

f　いつもご覧になるテレビ番組、ウェブサイト、ＳＮＳをお教えください。いくつでも。

g　最近おもしろかった本の書名をお教えください。いくつでも。

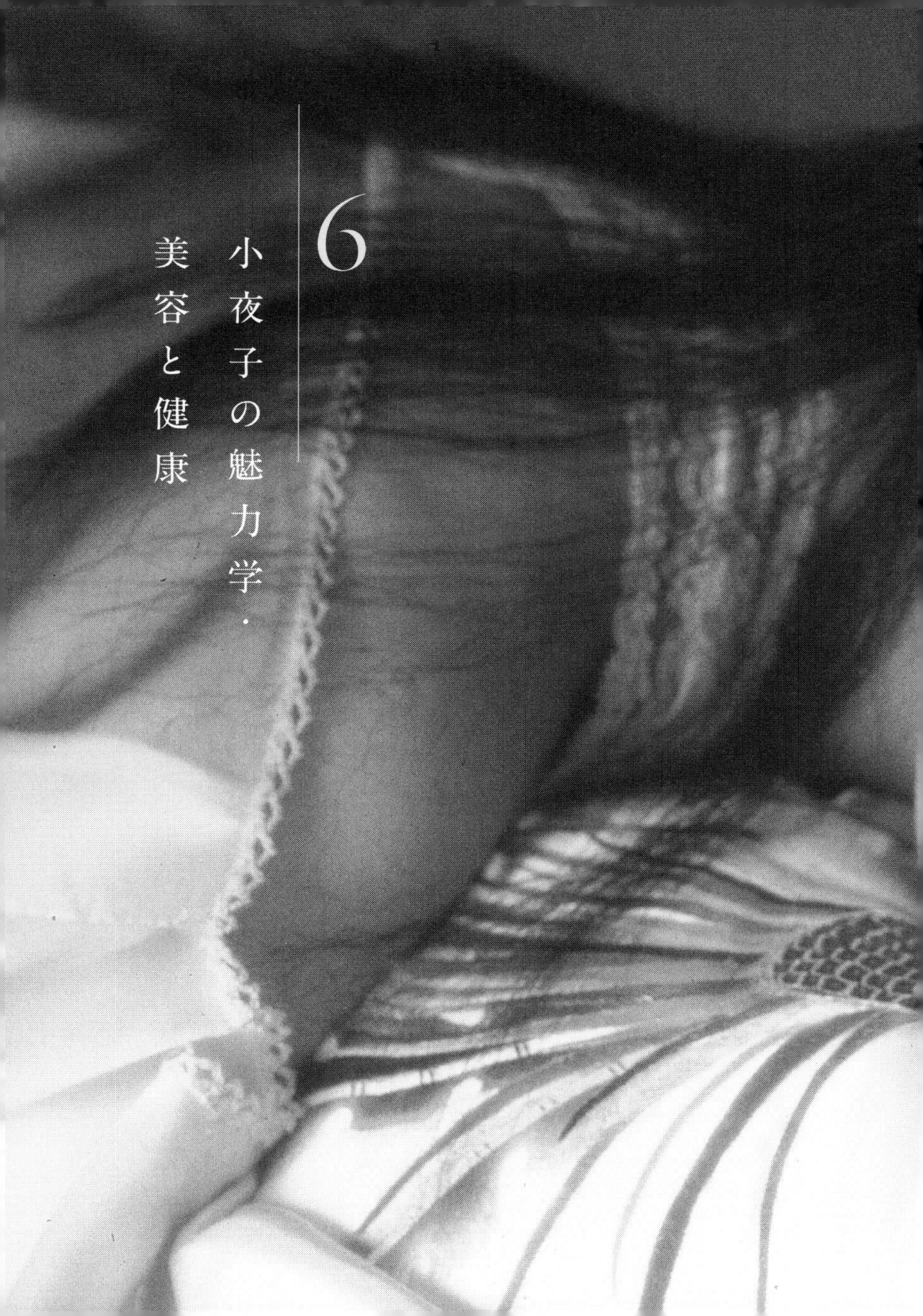

6 小夜子の魅力学・美容と健康

私の肌は荒れたり化粧品にかぶれたりすることのない普通肌です。ですから、特別変わった手入れはしていません。以前、日本酒がいいと聞いて化粧水代わりに使っていましたが、特に変わったこともなかったので、いつのまにか普通の方法に戻りました。

朝はクレンジングフォームを手にとり洗顔し、化粧水をパッティングします。仕事に行くときはその後に下地クリームをのばしてからファンデーションをつけます。ファンデーションの種類は季節によって変えます。冬はパウダリィファンデーション（資生堂・グレイシィ）、夏はビューティパクト（資生堂・サンフェア）を使いますが、仕事のときはしっかりお化粧するのでいつもスティック状のファンデーションです。

夜は、まずクレンジングクリームで化粧を落とし、化粧水で拭き取り、クレンジングフォームで洗い、化粧水をつけ、栄養クリームをのばして寝る、というのが普通のコース。栄養クリーム以外に、いつものんでいるビタミンEのカプセルを割ってそのオイルをつけることもあります。

ときどき、忙しかったり疲れすぎていたりで手を抜くことがあります。そんなときは、クレンジングクリームで化粧を落とし、ティッシュペーパーで軽く拭いた後、ウェットティッシュを使ってきれいに拭き、さらに化粧水で拭いて栄養クリームなり乳液なりをつけて寝ます。

小夜子の魅力学　１９８３年３月13日

シャンプーは、毎日あるいは一日おきに。時間は朝のこともあれば、夜のことも。まちまちです。ただ、夜洗ってそのまま眠るとくせがついて翌朝がたいへんなので、朝のほうが多くなります。シャンプー時間は十分ぐらいです。

わたしの使っているシャンプー剤は、髪をぬらすことなく直接つけてよいものです。泡も全然立ちません。泡が立たないのは、酸性のシャンプーだからだそうです。ふつうのシャンプーはアルカリ性なので、ちょっと変わっていますね。それにリンスも必要ないんです。もう一年ぐらいになるかしら、使い方もなれましたし、髪にも張りが出てきたような気がします。お湯の温度は、すすぎまでずっとぬるま湯です。人肌というのでしょうか。

洗い終わるとタオルドライし、半乾きのところでハンドドライヤーをあてます。ごくふつうのドライヤーを、髪を根もとから毛先に向かってとかしながらあてます。それからもとにもどすと、根もとが立ちあがった感じでふわっと。こうしてきちんとしておけば、外へ出たときも安心。よほど風の強い日などはくしを入れますけど、それ以外は髪のことを気にしなくてすみます。

with 1983年8月号

定期的にするのは、パックとマッサージ、それにスチームでしょうか。

スチームは、夏場は充分湿気もあるので主に冬、一週間に一度くらい、洗顔した後、洗面器に熱湯をはって五分間ほどその蒸気をあてるわけです。その後もう一度軽くすすいで、化粧水をパッティングします。蒸気が毛穴の奥まで入って汚れを浮かび上がらせ、肌に潤いを与えてくれます。

マッサージで、今のところ気に入っているのはマッサージとパックを同時にやってしまうというもの。毎日洗顔前、顔にのばして軽くマッサージしてから洗い流せば、パックの効果も得られるというものですが、これとは別に、私は一週間に一度くらい、資生堂のリバイタル・パックを使っています。

マッサージにしてもパックにしても、もちろん化粧水やクリームをつけるときも、必ず私は首までのばします。首というのは顔のすぐそばにあって、顔と同じようにいつも外気にさらされています。顔をいくら念入りに手入れしても、首にくっきりと深いシワがあっては、興ざめです。「首までが顔と思って、顔とまったく同じ手入れをなさい」と言われてからは、顔をマッサージするときはそのまま下まで手を動かし、パックをするときは首にもして、朝晩の化粧水やクリームもつけるようにしています。

私はよく、素顔を絶対に見せない、といわれますが、家ではもちろんノーメイクです。ただ、たとえ家から仕事場に向かう途中でも、モデルを職業としている以上、その意識は必要ではないかと思っています。ノーメイクという無防備なままで歩いたら、気持ちだって緩むし、するとどうしても姿勢や動作にも張りがなくなります。いつでも自分の一挙手一投足に気を配っていてこそ、仕事の場で思うままに動くことができるのではないでしょうか。とはいっても、もちろん仕事のときとふだんのときとはメイクアップも違います。

私のアイメイクアップは、日本人である私の目の長所を生かすように工夫したもの、細い切れ長の目をチャーミングに見せるようにしたものです。具体的にいうと、ファンデーションでベースをつくった後、目の上からこめかみにかけて明るいばら色を入れます。それから茶の濃淡のシャドーを目にそって切れ長に入れ、水で溶くタイプのアイラインを筆で描きます。

これが私のふだんのメイクアップ、いちばん私らしい方法です。仕事のときはもっと強くしますし、メイクアップアーチストによってもいろいろ変わります。

日本人は目が細いのが欠点と思いがちだけれど、それは欠点ではなく特徴だと思うのです。つけまつ毛をたくさんつけて西洋人風にするのでなく、その目に合わせてアイラインを引くほうがスッとした切れ長の目の個性が生かせると思います。頬紅にしても、白人は顔が細く頬が薄いから頬に入れますが、日本人は頬骨が高く頬がふっくらしているので、同じところに入れてもただの線にしかなりません。それよりも頬骨の上にブラッシュしたほうがいいのではないかしらとも思いました。日本人にいちばん合うメイクアップは、結局、日本人の昔からの化粧法ではないかということです。

手

手にはその人の年齢や生活がにじみ出るといわれます。年をとるにつれて肉体が少しずつ衰えることは自然のなりゆきですし、よく働いた手はそれなりに美しいのですが、それでも、日ごろ手を大事にしているのといないのとでは、ずいぶん違うと思います。形の良し悪しにかかわらず、女でも男でも手入れのゆきとどいた清潔な手は、とても感じのよいものです。

私はといえば、忙しさにかまけてそれほど気をつけているほうではないのですが、ハンドクリームをつけたり、ビタミンEのオイルをすり込んだり、寝るときにガーゼの手袋をはめたりくらいはしています。これは外国のスーパーで買ったのですが、コットンでできた就寝用の手袋です。日本では画材屋さんなどに売っているようです。

ときたまゆっくりできる時間があるときなど、クリームをつけてマッサージをすることもあります。

まず手にたっぷりとマッサージクリームをつけ、指を一本ずつらせん状に根元から先に向けてマッサージします。次に指の先を持ち一本ずつゆっくり回して軽くひっぱり、それから指をそらせます。

私は毎朝、起きるとまず水を一杯飲みます。それは眠気を払い、体の中を洗い清め、きのうの疲れと一緒に不浄なものすべてを洗い流してくれるような気がします。同時に、新しい一日を迎えるために気持ちをリフレッシュさせ、適度な緊張感を与えてくれるものなのです。一杯の水はまた、胃腸をきれいにし、肌にツヤを与えてくれるような気がします。

私がいつも飲むのは富士ミネラルウォーター。ミネラルウォーターは、自然の水を精製してミネラル分のバランスがとれた状態にしたものです。口あたりがよくて飲みやすく、おいしいだけでなく、ミネラルの補給としても意味があります。

昔は、冬の間に降った雪を壺に入れておき、その雪解け水で溶きのばした白粉が最も上等で、この水は化粧水としても最適だとされていたようです。日本の四季と、湿度の高い気候は肌にとっては最良の条件で、しかも良質の水が豊富にあることが、日本女性の肌の美しさをつくってきたのだとか。現代はどこも水道が引かれていて、自然のままのおいしい湧き水や井戸水は望めませんが、自然の恵みをできるだけ生かして、水をおおいに利用したいと思っています。

私はごはんにおみそ汁という和食が大好き。毎朝必ず、ごはんとおみそ汁を食べてから仕事に出かけます。朝起きてまず水を一杯飲み、朝ごはんをおいしくいただくことは、その日一日を気持ちよく過ごし、よりよい状態で仕事をするための大切なスタートです。

朝食のメニューは、ごはんにおみそ汁、それに炒めものやおひたしなどにした野菜類、ハムなどを少しと卵、それにビタミン剤です。パンよりもごはんのほうが好きですし、肉よりも魚のほうが食べられます。外国での仕事が多くなるにしたがって、出されたものを残すのは失礼ですから肉もなんとか食べられるようにはなりましたが、どうも西洋料理は苦手です。

特に意識してとるようにしている食品は、黒ゴマとほうれん草、ポテトや人参です。

マレーネ・ディートリヒ[*1]は、かつて、美しさの秘訣はと聞かれて、トイレに行くことよと答えたそうですが、排泄作用がスムーズにいくことは美容には欠かせない条件です。私も、ゴマや野菜類のおかげでしょうか、その条件にはどうやらかなってはいるようです。

食事に次いで私が今心がけていることは、ビタミン剤をのむことです。

毎日のんでいるのは、ビタミンCとE、それにB。のむ量はその日の食事量や栄養のバランスによって変えます。栄養のバランスといっても、何を何グラム食べたからビタミンは何ミリグラムというような計算をするわけではなく、今日は食べた量が少ないなと思ったら、ビタミン剤を少し余分にのむというくらいのものですが、一日一回一カプセルは必ずのみます。

ビタミンCは美容のためのビタミンといわれるように、毛細血管を強くする働きや肌を白くする作用、風邪を予防する作用があるといわれています。さらに最近では、ストレスに対して効果があることも知られるようになりました。ストレスを多く受けると大量のビタミンCが消費されるので、仕事をしていたり人間関係が煩わしくてストレスを受けやすい人は、それだけビタミンCをたくさんとる必要があります。ビタミンCは多くとりすぎても、使われなかった余分のものは尿と一緒に排泄されるそうです。

ビタミンEは、日本でも最近注目されている、脂肪の酸化を防ぐ老化防止のためのビタミンで、小麦胚芽油として売っているところもあります。私がのんでいるのはカプセルに入ったもので、アメリカではいろいろな含有量のものがあります。

このビタミンEは、血管の末端の血のめぐりをよくする働きがあり、女性には特に効果があるということです。頭痛、めまい、冷え症、イライラなど、更年期障害のいろいろな症状のほか、シミ、ソバカス、肌荒れにも効きめがあるとか。

これらのビタミン剤をのんでいて、具体的にここがこうなったというほど特に目立った変化はありませんが、ビタミンEをのみはじめて生理痛がうそのように治ったという話は聞いたことがあります。

私はどちらかというとすぐやせるタイプなので、常に食べるように気をつけていなければなりません。ですから私にとっての体操は、プロポーションを保つためというよりも、筋肉の調子を整え、肌のたるみを防ぎ、正しい姿勢を保つためのものです。

眠る前のほんの十分か十五分。首を前後左右に倒したり回したりします。それから腕を回したり上に思いきり伸ばしたりして、その日の緊張をときほぐします。

次に簡単なヨガをいくつか、スキのポーズやラクダのポーズ、弓そりのポーズなどを少し。その他腹筋や柔軟体操などの中から、自分の体の調子に合わせてやっています。

私の体は、異常じゃないかしらと思うくらい柔らかく、特に柔軟体操をしなくても、立ったまま楽に床に手がつきますし、足も自由に上がります。でもこの簡単な体操をしているほうが調子がよく、体が軽くなってぐっすりと眠ることができるようです。

小夜子の魅力学　1983年3月13日

体型を維持するために、ストイックな食生活を送っているのでしょう、といわれますが、大層なことはしていません。ほんの少しのセルフコントロールだけ。一回の食事で食べ過ぎたと思ったら、次の日はセーブするとか、チョコレートの最後のひとかけらをやめてこんにゃくゼリーにするとか、コーヒーの代わりに水を飲むとか。自分の経験を生かして組み合わせたエクササイズが日課でもあります。全身の細胞の活動が停滞しないよう、心がけているんです。

家庭画報　２０００年３月号

お肉は食べないけど、焼肉屋さんは好きですよ。辛いスープとかは大好きだから。お肉や魚よりも野菜とかお豆腐が好きなんです。

メンズクラブ　２００１年５月号

それほど変わっていないとしたら、野菜と大豆以外、あまり食べないからかもしれません。大事なのは、常にポジティブでいること。もちろん、そうするには努力がいると思います。心の中の消しゴムでネガティブなことを消していかなくてはいけないから。

クロワッサン　２００５年12月25日号

6

注

＊1‣ マレーネ・ディートリヒ

1901年ドイツ、ベルリン生まれ。

演劇学校に学び、舞台に立っていたところを見出され、映画デビュー。妖艶な容姿で一挙に人気を集める。1930年代にアメリカに渡り、以後ハリウッドで活躍。ナチスに抵抗し、1939年にアメリカ市民権を取得した。

戦後は主に歌手として活躍し、晩年はパリに隠棲した。1992年没、享年90。

7
本、映画、舞台

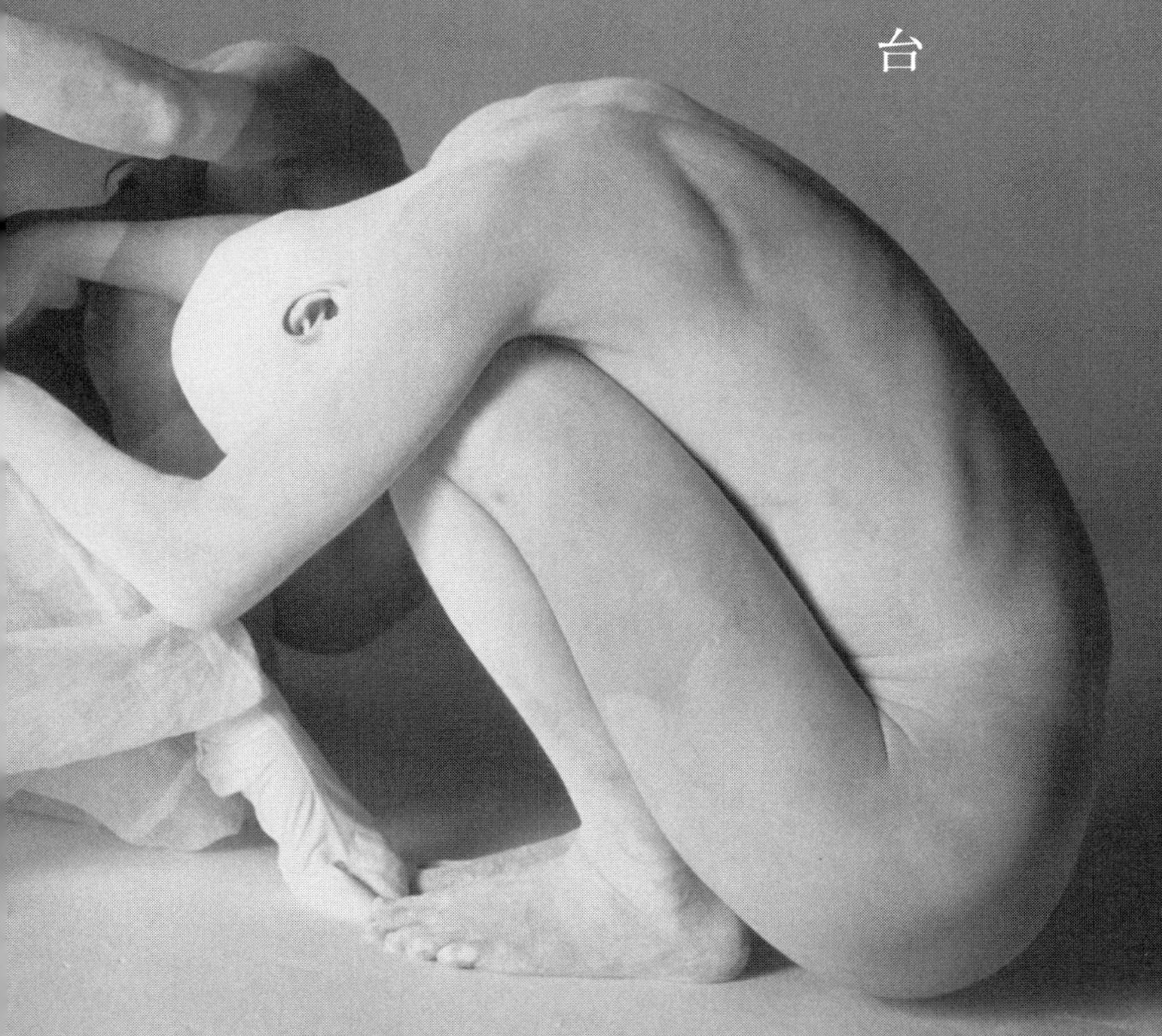

『月・LUNA 小夜子／山海塾』より

映画は小さいときから好きでよく見ているの。仕事の合間、ちょっと時間があるときはいつも一人で映画。人と約束はしないの。行けるときに一人でいくんです。主人公と一緒になって涙を流すこともしょっちゅう。耳がロックなら、目は映像だと思うんです……目で感じるものが映像だから、今こうして見ているものも、目の中の映画かもしれない……。

with　1981年10月号

私の心の中に今も強く焼きついているのは、まだ小学生のころテレビの名画劇場で見たジャン・コクトー[*1]の「美女と野獣」「オルフェ」「悲恋」。監督は誰だったか「わが青春のマリアンヌ」という映画もとても美しかったことを覚えています。比較的最近では、鈴木清順[*2]監督の「ツィゴイネルワイゼン」や「陽炎座」が素敵でしたし、I・ベルイマン[*3]のものはどれも好き。篠田正浩[*4]監督の「心中天網島」を見たときは、画面の美しさとそこでくり広げられる近松の世界に強いショックを受けました。

小夜子の魅力学　1983年3月13日

小学校の時にテレビでやっていた「オルフェ」とか「ミラノの奇蹟」とか「悲恋」とかが

ものすごく印象に残っている。コクトーが好きだった。あとで「美女と野獣」を観て、ずいぶん影響された。私は、ついつい、映画や演劇のヒロインに自分をあてはめて見てしまう。

写真集「小夜子」1984年9月23日

中学生のころですね。寺山[5]〔修司〕さんの詩をいつも教科書の下に隠して。教科書をこう立てて、いっつも読んでたんですよね、寺山修司の少女詩集の詩を。その詩集は、いわゆる「アンダーグラウンド」と言われている寺山さんのイメージとまたちょっと違うんです。ロマンチックな少女の夢の世界ですね。

アサヒグラフ　2000年9月29日号

映画やお芝居や本を見て、私はいつも何かに感動してなくちゃダメなの。私にとってはつまらないお芝居なんて、ひとつもないし、嫌いな人なんていうのもいないのね。合わない人はいても、それは、それぞれ生き方が違うだけで、誰でもどこか感動させられるところがあるのじゃないかしら。

MORE　1979年11月号

映画の中で最初にあこがれたのは「慕情」のウィリアム・ホールデン。[6] 中学校の頃ね。それから石原裕次郎[7]さんにジャン・マレー[8]にジェラール・フィリップ。[9] それから鹿内タカシ[10]さんが好きだった。

写真集「小夜子」 1984年9月23日

好きな本はボリス・ヴィアン[11]の『日々の泡』とロバート・ネイサン[12]の『ジェニイの肖像』。童話では『幸福な王子』（オスカー・ワイルド）。何度読んでも泣いてしまう。音楽は何でも好き。ロックも大好きだし、森進一[13]さんもとてもいい。今、三波豊和[14]さんが可愛いなあ……。

ヤングレディ 1977年4月12日号

私は以前から緑魔子[15]さんのファンです。特に舞台にいる緑魔子さんがとても大好きです。第七病棟や唐十郎[16]さんのお芝居を見るときに共通に感じることなのですが、いつも舞台を見ることが、まるで迷宮の井戸をのぞくように、ワクワク、そしてドキドキします。私のイメージでは、その空間の中で、緑魔子さんは霞がかかった病室の片隅に、青白い西洋人形のようにいて、その悲しげな目をパチッと開いたとき、お芝居が始まるという気がします。目をあけたとたん、彼女は懐かしくて、可憐な少女になるのですが、その少女はときには、丸尾末広[17]さんのマンガに出てくるような残酷な少女にもなります。そして、緑魔子さんはその少女をかかえたまま、大人の女、おねえさん、娼婦、ストリッパーと変化(へんげ)して、狂気になっていきます。もっと恐ろしいことには、その少女は振り向いたら60歳のばあさんにもなってしまいそうです。少女とばあさんがそこには紙一重で存在しています。

ELLE JAPON 1985年10月20日号

はじめて芝居の舞台に立ったのは、東京キッドブラザース[18]の「猿のカーニバル」。これは同じモデル仲間の秋川リサ[19]さんも一緒でしたし、それほど本格的な役ではなかったこともあって、ただ楽しいだけで終わってしまいました。

その次が寺山修司さんの作・演出によるバルトークの「中国の不思議な役人」。そして三回目が、私自身を題材にした「小夜子」。小夜子という一人のファッションモデルのお話でした。

これまでの三つの芝居のうちで、とても面白かったのが、バルトークの「中国の不思議な役人」の舞台に出たときです。

高校時代に寺山修司さんのフォアレディース・シリーズという少女向けのエッセイ集を読んでいて、憧れの人でもありました。舞台がはじまる前一か月間のトレーニング期間があり、そこで私は本職の役者さんたちにまじって舞台に立つための訓練を受けました。瞑想をしたり、体を整えるための準備体操や活元運動をしたり、テーマに合わせて体を動かす練習をしたりしました。

たとえば寺山さんが「あなたは煙になってビンの中に入ってゆく。気がついたらビンの中にいた。そこからまた煙になって出てゆく、——という動きをやりなさい」などと言います。課題を与えられたらそれをすぐにその場で、体を動かして表現しなければなりません。それは私にとってははじめての経験でした。

この訓練は私にとって、体を使っての表現の仕方やとっさの場合の動き方、判断力を身につけることになったように思えます。

小夜子の魅力学　1983年3月13日

忘れられない素敵な思い出なんだけど、お城なの。お城に稽古場があるの。そこで稽古をしていて、泊まるところもそこで、エクサン・プロバンスのお城。そこのお城の持ち主がダンスを好きでスタジオを持っている。そこで「石の花」という作品の世界初演の発表直前で、毎日朝から夜中まで、ずっと稽古をしていました。
いま思うと、私はあの時期に勅使川原[*20]〔三郎〕さんと出会えてよかったの。その時に見た空の星とか。毎日稽古できついし、まだ作品ができていないから、とにかくそこで作品をつくらなきゃいけなくって大変だったんだけど。満天の星が輝いていて、その星空の下で、一瞬の時間を草の上でみんな寝ころがってごろごろごろごろしながら、きゃっきゃっしたこととか、それが宝物のような美しさで残ってる。

アサヒグラフ　２０００年9月29日号

『月・LUNA 小夜子／山海塾』より

＊6‣ ウィリアム・ホールデン
1918年アメリカ、イリノイ州生まれ。

舞台俳優を経て、1939年映画デビュー。

『サンセット大通り』(1950)でアカデミー賞主演男優賞にノミネート。人気俳優としての地位を確かなものにする。『第十七捕虜収容所』(1953、アカデミー賞主演男優賞受賞)、『麗しのサブリナ』(1954)、『戦場にかける橋』(1957)などに出演。

1981年没、享年63。

＊7‣ 石原裕次郎
1934年、兵庫県生まれ。

慶應大学在学中の1956年、兄・慎太郎の書いた小説を映画化した『太陽の季節』でデビュー。さらに『狂った果実』(1956)、『嵐を呼ぶ男』(1957)など出演作が次々大ヒットし、一躍日本を代表するスターとなった。

1963年石原プロモーション設立。『黒部の太陽』(1968)などの映画製作を手がけた。1972年からテレビドラマ『太陽にほえろ!』に出演。刑事たちを率いる「ボス」として存在感を見せつけた。

1987年没、享年52。

＊8‣ ジャン・マレー
1913年フランス、シェルブール生まれ。

1933年に映画俳優としてデビューし、『美女と野獣』(1946)、『双頭の鷲』(1947)などの作品に出演した。

1998年没、享年84。

＊9‣ ジェラール・フィリップ
1922年フランス、カンヌ生まれ。

演劇学校を経て舞台俳優となり、1943年映画デビュー。「フランスのジェームズ・ディーン」と言われた美男子で、『肉体の悪魔』『パルムの僧院』(ともに1947)で世界的な人気を博す。

1959年肝臓がんで逝去、享年36。

＊10‣ 鹿内孝(しかうち・たかし)
1941年、千葉県生まれ。

1959年鹿内タカシ&ブルー・コメッツを結成、ボーカルを担当。東京・有楽町の日本劇場で開かれたウェスタン・カーニバルに出演して熱狂的な人気を集め、「日本のフランク・シナトラ」と言われた。テレビの音楽番組の司会のほか、俳優としても活躍、映画『亡国のイージス』や、『太陽にほえろ!』『西部警察』『暴れん坊将軍』などの人気テレビシリーズにも出演した。

＊11‣ ボリス・ヴィアン
1920年、フランス生まれ。

役所で働くかたわら、ハードボイルド小説を書き人気作家に。翻訳、詩作、劇作、評論も手がける。また、ジャズ・トランペット奏者としても才能を発揮し、戦後パリのアート界を駆け抜けた夭折の天才。

1959年没、享年39。

注

*1▸ ジャン・コクトー
1889年、フランス生まれ。
裕福な家庭の出身で、早くから社交界のスターとしてバレエダンサー、音楽家、芸術家と幅広く交流した。詩作のほか映画監督、劇作家、小説家、評論家、画家などとして活動し、「芸術のデパート」と言われた。初期の小説作品は男性間の性愛を主なテーマとした。
1963年没、享年74。

*2▸ 鈴木清順
1923年、東京生まれ。本名・鈴木清太郎。
学徒出陣で出征し、戦後松竹大船撮影所に入る。日活移籍後、監督として多数の映画作品を演出。
独特の美学で熱狂的なファンを獲得した。代表作に『肉体の門』(1964)、『東京流れ者』(1966)、『ツィゴイネルワイゼン』(1980)、『陽炎座』(1981)など。
2017年没、享年93。

*3▸ イングマール・ベルイマン
1918年スウェーデン、ウプサラ生まれ。
1942年に映画会社に入社、1945年監督デビュー。数々の名作を発表し、20世紀を代表する巨匠と言われ多くの後進監督に影響を与えた。代表作に『第七の封印』(1957)、『野いちご』(1957、ベルリン国際映画祭金熊賞受賞)、『処女の泉』(1960、アカデミー賞外国語映画賞受賞)など。
2007年没、享年89。

*4▸ 篠田正浩
1931年、岐阜県生まれ。
早稲田大学卒業後、松竹に入社。1960年に映画監督デビューし、その後フリーに転向。代表作に『心中天網島』(1969)、『はなれ瞽女おりん』(1977)、『夜叉ヶ池』(1979)など。

*5▸ 寺山修司
1935年、青森県生まれ。
早稲田大学入学後、短歌を詠みはじめ、歌人としての活動を開始。また、戯曲、詩作、評論も手掛け、テレビ・ラジオの売れっ子脚本家になる。1967年に劇団「天井桟敷」を結成。同年に刊行した評論集『書を捨てよ、町に出よう』がベストセラーに。1969年、作詞した「時には母のない子のように」が大ヒットするなど、時代の寵児となった。
1983年肝硬変と腹膜炎のため敗血症を併発し逝去、享年47。

＊16▸ 唐十郎（から・じゅうろう）
1940年、東京生まれ。本名・大靍義英（おおつる・よしひで）。

明治大学卒業後、1963年に劇団を立ち上げ、翌年「状況劇場」に改名。アングラ演劇の旗手となる。

1967年から新宿・花園神社に紅テントを立て、舞台を上演。大反響を起こす。1969年に新宿西口公園に紅テントを立ててゲリラ的に公演を決行したが機動隊に包囲され、唐は現行犯逮捕される。1983年小説『佐川君からの手紙』で芥川賞受賞。

1988年「状況劇場」を解散し、翌年「唐組」を立ち上げる。

2024年没、享年84。

＊17▸ 丸尾末広
1956年、長崎県生まれ。

職を転々としたのち、1980年漫画家デビュー。代表作に『少女椿』（1984）、『パノラマ島綺譚』（2008）など。高畠華宵らに影響を受けた独特の画風と、アングラかつグロテスクな表現で独特の存在感を発揮。多くのファンを獲得している。

＊18▸ 東京キッドブラザース
「天井桟敷」創立メンバーの東由多加らによって1968年に創立された劇団。「東京キッド」などロックミュージカルで人気を博し、アメリカ、ヨーロッパでも公演を行った。公演で演奏された曲をレコード発売し、人気の裾野を広げた。

柴田恭兵、吉田美奈子らが在籍した。

＊19▸ 秋川リサ
1952年、東京生まれ。

15歳でモデルデビューし、雑誌『an・an』や、資生堂専属モデルとなる。トップモデルとしてパリ・コレクションなど一流デザイナーのショーに多数出演。

1973年東京キッドブラザースの「猿のカーニバル」出演後、俳優としての活動に軸足を移す。

テレビドラマ、バラエティ番組、舞台に多数出演。

＊20▸ 勅使川原三郎（てしがわら・さぶろう）
1953年、東京生まれ。

クラシック・バレエやパントマイムを学んだあと、独自の創作活動を開始。既存のダンスの枠に囚われない新しい表現を追求し、国内外で公演を行っている。

日本人としてはじめてパリ・オペラ座バレエ団で振付を行う。オペラの創作や演出のほか、造形美術家としてインスタ作品も発表。

2009年紫綬褒章受章、2022年文化功労者顕彰。2024年日本芸術院会員。

注

＊12▸ロバート・ネイサン
1894年、ニューヨークのユダヤ系旧家に生まれる。

ハーバード大学在学中から創作、詩作を始め、大学中退後小説家デビュー。『いまひとたびの春』が映画化されたことで人気作家となり、『ジェニーの肖像』(1940)はじめ多数の作品を発表。映画の脚本も手がけた。

1985年没、享年91。

＊13▸森進一
1947年、山梨県生まれ。本名・森内一寛。

テレビののど自慢番組で勝ち抜いたことをきっかけに、1966年「女のためいき」でデビュー、35万枚という驚異的な売り上げを記録。1969年に「港町ブルース」で120万枚の大ヒットを記録。翌年には紅白歌合戦でトリを務めるなど人気歌手の地位を不動のものとする。「おふくろさん」(1971)、「襟裳岬」(1974)など。紅白歌合戦48回出場。歌手仲間で結成した"じゃがいもの会"によるチャリティーコンサートを長く続けた。

＊14▸三波豊和
1955年、浪曲師三波春夫の長男として東京に生まれる。

1976年に歌手としてデビューし、その後主に俳優として活動する。「意地悪ばあさん」、「水戸黄門」などの人気シリーズのほか、「銭形平次」の八五郎役を長く演じた。ほかに舞台など出演多数。

＊15▸緑魔子
1944年台湾、台北市生まれ。本名・小島良子。

NHK演技研究所在籍後、オール東宝ニュータレントの3期生となり、1963年映画デビュー。1964年『二匹の牝犬』で映画初主演し、以後多数の作品に出演。

1976年に石橋蓮司らと劇団「第七病棟」を設立し、唐十郎と山崎哲の作品を上演。出演作ごとに話題をさらう「伝説の女優」。

8
生涯この道で

年取っても、たぶん今と変わんないと思う。ジーパンはいたり、いろいろ、やってると思うのね。

私は、たぶん一人で、小さいころから好きだったもの、たとえば漫画とか映画とか見ながらいるんじゃないかなあ、という感じ。たまに昔の恋人が訪ねてきて、二人で話をする。で、その恋人も、年をとってもまだ何か悩みがあったりすると思うのね。そういう悩みを聞いてあげたり……とか。

週刊サンケイ　１９８０年８月７日号

私の性格、この仕事にピッタリなんです。ひとりっ子で育ちましたから孤独に強いの。モデルって、ひとりで仕事場に行きそして帰ってくる孤独な仕事です。一生モデルをやっていきたいと思っています。

週刊ＨＥＩＢＯＮ　１９８３年９月１日号

ファッションに関わる仕事を与えられ、生かされているわけですが、何をやるにも、自分自身の心を育てていきたいと思っています。世の中でどう評価されるかではなく、とにかく出会ったものを一所懸命やっていく。懸命って命を懸けるということでしょう、小さいことでも心をこめて触れていきたい。そうすればそれだけ自分の心が成長していけるかな、と思っています。

スタジオボイス　2002年10月号

六十になって白髪になっても、モデルがやっていられたらいいなー。

クロワッサン　1983年9月10日号

今、ニューヨークに、すごく素敵なモデルさんがいるんです。私の憧れの人なんですが、今、五十幾つかだと思います。
カーメンという、昔から一流の方なんですけど、その人がショーで出てくると一番拍手が多いの。もう全部白髪なんですが、とてもきれいで素晴らしいのね。シワまでも美しい。そういう四十代、五十代のモデルがアメリカにずいぶんいるんです。
私がそういうふうにするかどうかは別として、服は人間が生きている限り必要なものですから、年取っているモデル、太ったモデルといろいろいていいんじゃないかと思います。
そう考えたら寿命とかないとも思えるし、それは見方によりますね。

サンデー毎日　1983年1月30日号

ここ十数年でファッションの世界では、人種の垣根がとり払われました。だから年齢がどうのということにも、恐らくもうちょっとしたらなるんじゃないかと思うんですよ。ニューヨークには六十歳を越えた女の人のモデルがたくさんいるんです。中でもカルメンという人は、それは素敵で、出てくるだけでみんな立ち上がって拍手しちゃうぐらい。これは面白いな、と自分で思えば、年齢とか関係なく着ちゃえばいいということですね。去年の服着たって別にいいんですよ。いろいろなお札をうまく拡大してプリントした素敵な柄の洋服をデザインした人がいましたけど、ああ着たいなあ、と思ったときはどこかの作業着でも古着でも私は実際に着れます。

週刊文春　1989年1月19日号

8

以前は、何かに対して、みんなが一つのものに向かうという時代だったと思うんです。ファッションや他のジャンルでもその傾向はあると思うんですが、ある意味でのムーブメントがあった。向かうものがあったと思うんです。いまはファッションデザイナーに限らず、それぞれ個々なんですね。個人、個人。だから「このデザイナーはここに向かっている」「このデザイナーはこの部分に向かっている」と、向かう矛先が全部違っているような気がするの。そこで生まれるコアな面白さがある。それはそれで素敵なこと。

もうひとつ私が感じるのは、「顔」が失われていると思うこと。以前は着る側の顔、女性の顔、要するに個々の顔が服を着る上でとても重要だったと思うの。だけど、ヨーロッパも含めて服において、顔がそれほど重要でなくなっているような気がする。

私はここ何シーズンか、「あ、顔が失われてる時代なんだ、必要ない時代なんだ、顔の個性は要らないんだ」というふうに、実はすごく感じている。

嫌だとか、いいとかということではなくて、それが時代なんだなと思うの。

いつも反抗はしてるんです。いまだってそうなんですけど、体制に対する反抗ね（笑い）。私なりの小さなね、ファッション界での、ということですけど、それはあったと思います。

アサヒグラフ　２０００年9月29日号

私は、美しくない人なんていないと思っています。表面的なことだけでいっても、自分に似合う髪型、服の色合い、メーキャップ法、それを研究するだけで絶対に変わりますもの。自分の欠点と長所の両方をきちっと知って、補ったりすれば、絶対にきれいになるんです。

ダイヤモンドを思い浮かべるんです。ダイヤモンドも磨いたり削ったりして、原石があそこまで光るんですね。ダイヤモンドも痛いと思うんです。それと同じで、人間も自分を磨こうとしたら、努力とか辛さとか、痛い思いをしながら、乗り越えなければならないんだと。

「努力」という言葉は「楽しみ」という言葉に置き換えられると思うんです。楽しさがあるから、努力ができるのですし、私は「努力しよう」というかわりに「楽しもうね」と自分に言ってます。

Grazia 1997年2月号

自分では全然美しいなんて思ったことないんですよ。オーラを放っているなんて思ったこともないし。でも美しくありたいとは思いますね。心もそうですし、外側が美しくあるこ

8

とも素敵だと思うから。でも自分がそうだとは思っていません。だから常に自分自身に対するコンプレックスというか、美しさに対する憧れみたいなものはあります。それは形ではなくって、いろいろなところにひそんでいるものだと思うんです。それを見つけ出す作業っていうのが私にはとても楽しい。

太陽　２０００年２月号

寺山修司さんや勅使川原三郎さんの舞台を通して、身体訓練は欠かせませんでした。舞台の稽古で体の表現を学びながら、一方で、服を着る仕事をしていく。相互に影響し合う中で、〝着る〟という行為が、私の中心を占めるようになったのです。大げさに言えば、着ることを無視してしまうと、自分自身がなんなのか見えなくなってしまう気さえしました。

私は、人間は心が体を着ているという言い方もできると思いますし、もっと言えば、人間はそれを取り巻くすべてのものを着ている。空気も光も。つまり、着ることは生きることだとも言えるわけです。

和楽　２００５年５月号

8

生涯この道で

9 心が身体を着ている

いわゆるブランドはほとんど着ないし持たない。

メンズクラブ　2001年5月号

私も昔はミハマの靴やフクゾーのブラウスやセーターに憧れたころがありますが、自分に本当に似合うかどうか考えないで、ただ靴はどこそこの何、スカートはこれでブラウスはあそこのあれ、という着方はどうも理解できません。

今は以前のように、丸顔の人はこんなスタイル、顔の細い人はこんなスタイル、背の高い人は、背の低い人は、云々といったルールや決めつけはなくなりました。誰でもしてみたいヘアスタイルに自由に挑戦してみていいと思いますが、あくまでも自分の個性を考えて、誰かがやっているのと同じスタイルという選び方をせずに、どこか自分なりのアレンジを考えたいと思います。そのためにも自分の髪の質や状態をよく知っていることが必要です。

アクセサリーを上手につける方法は、服の主張をまず聞いてみることではないでしょうか。何もつけないでこのまま着てほしいと言っているか、こんなアクセサリーでこんなイメージに着てほしいとか、服が教えてくれることってあると思います。アクセサリーの使い方の上手下手は、そんな、服が語っていることを感じ取れるかどうかにもよるのではないでしょうか。

私はいろいろなファッションデザイナーのアクセサリーの使い方を実際に見て、だんだんとアクセサリーの意味がわかってきました。それでも実際につけてみると頭の中でこうなるだろうと想像するイメージどおりにはいきませんから、全身が映る鏡の前でバランスをチェックすることは、外出前には欠かせない習慣です。

日本人は歩き方が下手だとよくいわれますが、正確には、洋服を着たときの歩き方が、というべきでしょう。それは、洋服と和服とでは歩き方が違うせいもあると思います。

ひとことでいえば、洋服では腰から歩く、着物では膝で歩くということでしょうか。今は誰でも生まれたときから洋服になっているのに、なぜだかやはり歩き方はまだまだのようです。

モデルにかぎらず、ヨーロッパやアメリカに行くと、街を歩いている人がみんなとても姿勢よく美しく歩いていることに気がつきます。脚をまっすぐ伸ばしたままスッスッと、颯爽として力強く、同時にとてもエレガントです。

それに比べると、日本人にはそんなふうに美しく歩ける人はまだまだ少ないように思います。特にハイヒールをはいたときなど、歩き方が慣れていないところが目立つようです。


欧米では足というと腰から下全体を意味するので、歩くときも腰から。足を運ぶのではなくて腰を運ぶという意識で歩くようです。ちょうどコンパスを広げるように、脚のつけ根で歩幅を決めるような気持ちでやってみると、膝も曲がることなく歩くことができます。そのとき気をつけることは、後ろに残るほうの足の膝も伸ばすようにすること。踏み出す足を気をつけてまっすぐ出しても、反対側の足がひょこっと曲がったりしてはだいなしです。膝を曲げないように歩けば、腰の位置が上下に揺れることがなくなります。そうすれば重心が安定しますから姿勢も崩れません。ハイヒールをはくとつい足もとのほうが気になりますが、意識を腰にもってくると自然に歩くことができます。

着物を着たときは、反対に、膝から歩くようにします。昔は膝を紐で結んでおいて歩く練習をしたそうですが、洋服のときのように歩くと裾がバサバサと乱れてきます。でも、着物を着ると自然に足の運び方も内股になるものです。

ただ、歩き方は、着ている服や状況によって変わります。

私は、大地に足をつけた歩き方をしていきたいと思っていますし、歩き方は生き方にも通じているところがあると思っています。背筋を伸ばして、洋服を着たときはそのように、着物のときは着物なりに、いつも美しく歩いていたいと思っています。


美しい身のこなしだといわれるためには何が必要なのでしょうか。

私は、それはまず正しい姿勢だと思っています。空手の型にしても太極拳にしても、あるいはバレエの基本にしても、共通していえることは〝正確な動きは美しい〟ということです。

体全体の緊張と弛緩がはっきりして重心が安定し、型が決まっているとき（太極拳では虚実を分けるともいいます）、そのときは体のどこにも無理がなく、精神的にもリラックスしていながら引き締まっています。そのときが、見た目にもいちばん美しい状態でありま

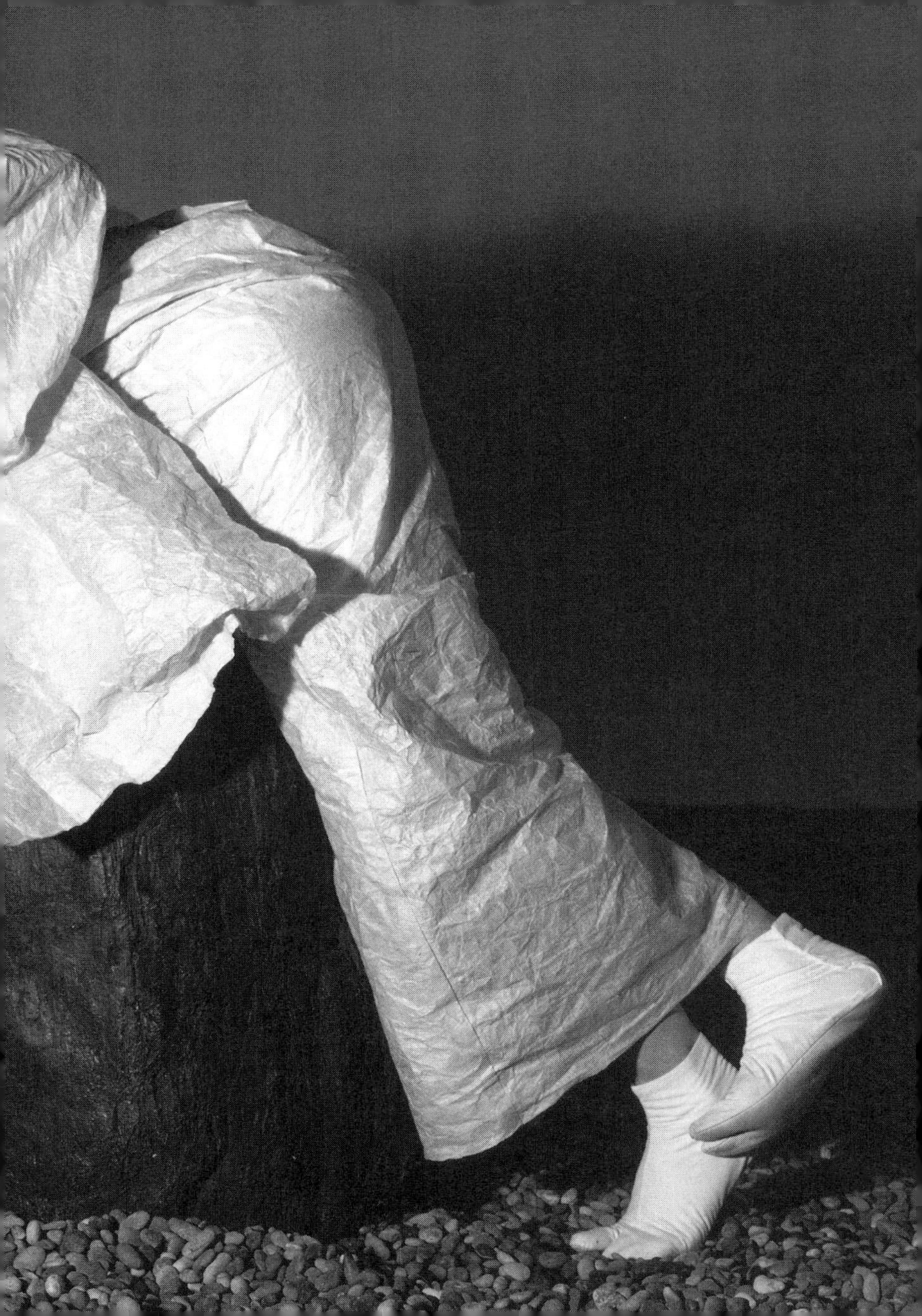

す。正しい姿勢、正確で無駄のない動き、それが美しい身のこなしの基本だということです。それに加えて、私は、勘の鋭さも必要なことではないかなと思っています。

太極拳の動きの中に倒捲肱（ダオジュアンゴン）という後ろにさがっていく一連の動作があります。それは、ただ無意識にさがるのではなく、足のつま先で後ろを探りながらそっと下ろすのだと教わりました。もしかしたら後ろに何か障害物があるかもしれない、地面に大きな穴があいているかもしれない、不注意に足を下ろしたら体勢が崩れてしまう、そんな意識でさがるのだということなのです。そうやって自分の身ひとつが占めている位置と、身のまわりへ常に気を配っていると、いろいろな場合にすばやく身を処すことができるものです。

そのときどう動けば最も有効なのか、美しいのかが、太極拳や空手の型を習うことでとっさに判断できるようになったと思います。

物や人への思いやりがしぐさにあらわれ、精神の緊張感が身のこなしにあらわれるといえるのではないでしょうか。

小夜子の魅力学　1983年3月13日

「着る」ということを考えるなら、私は地球上にあるものなら何でも着られるとおもう。光でも木でも飛行機でも壁でもビルでもテレビでも電気でも黒板でも着れるという自信がある。私はあらゆるものを着なくてはいけないんだとおもっている。あらゆるものを着るということは、その全体を身につけるということではないの。木なら木が、壁なら壁がもっている何かを私に近づけて着ること。

写真集「小夜子」1984年9月23日

たとえば窓を着なさいと言われれば窓も着るだろうし、机だって着ようと思えば着れるし、空気でも風でもね、というぐらい、ファッションってなんでも取り入れられるんじゃないかなと。着れないものはないですよ。土だって着れるでしょう。

朝日ジャーナル 1985年2月1日号

ただ何でも着られるということではないの。そこにはキャンバスに絵を描くような〝感覚の角度〟が必要。

色には分量感というものがある。私の色の好みはその分量感にもとづいている。好きな色は──黒、朱、金、藍、それにやっぱり白。

写真集「小夜子」 1984年9月23日

空き缶は捨てるものという固定概念を取り払えば、いろいろな形が見えてきます。空き缶もたわしも着ることができる。地下鉄だって、家だって着られる。なんだって着ることができるんです。

和楽 2005年5月号

文章でも何でも書こうと思えばきっと何でも書けるでしょ。それと同じで、着るという意識さえあれば、何でも着ることができるだろうと思っているんですよ。空気も今着ているかも知れないし、水も着ることができるかも知れないし、着るという観点ですべてを見ていけば、私たちはすべてを着ているのかも知れない。この今私たちがいる空間も、そうかも知れないですよね。それは意識の問題ですよね。

太陽　2000年2月号

服ってね、例えばウールだったら、もとは羊たちの毛でしょ。それを糸にし、織って、色をつける人やデザインする人がいて、縫い子さんたちが縫って……と、いろいろな人の思いとかエネルギーを含んでいるんです。
だから、自分を一瞬「無」にして「どう着てほしいの?」って服に聞くと、フッと服が言うのね。「もっと手を広げて袖を見せてほしい」とか。ステージの上ではいつもそうやって服にお任せしているんです。私は文楽の人形のように、思いに導かれているだけ。
私たちの体も、心が着ている服のようなものだと思う。着替えられない、一生ものの服だから、自分の体の声に耳を傾けて、ほころびを見つけたら、ちゃんといやしてあげなければ。

朝日新聞　1999年8月6日夕刊

10

自分を無にして

宇宙船にのってみたい。すごく憧れているの。

夜、家に帰る坂道を歩いていると、私、よくＵＦＯを見るの。坂の上の夜空にぼうっと浮かんでいるんです。

週刊女性　１９７４年３月２日号

プラスチックってあるでしょう。今までは自然とは別個のものとして切り離されていたわけだけど、現代では、自然の一部にとけ込んで、水や空気と同じように、なくてはならないものになりつつあるでしょ。どうしてかという疑問がわいてきて、そうすると私達が理解している自然というのは、他の星ではどうなっているのだろう、などと考えてしまうの。だから、今、宇宙というものにすごく興味をもっているんです。

ヤングレディ　１９７７年４月12日号

〔仕事帰り、外人墓地の空の向こうで〕
ブルース・リーが目の前に出てきて、しばらくしたら消えたんです。ふっと気がついたら、その日がブルース・リーの命日だったんです。

with　1981年10月号

霊体を見たことが何度もあるの。小さい頃から何度もあった。ブルース・リーが出てきたこともある。たいていは眠る前なのね。とってもこわいけれど、出てくる人の話をいっしょうけんめい聞こうとする。でも消えてしまうと、その話がどんな話だったか、どうしても思い出せないの。最近は金色の文字が見えることもある。

霊夢では、迷っている人が出てくるの。そういう時は、「ちゃんと帰りなさい」と言ってあげる。

10

写真集「小夜子」　1984年9月23日

私はいつも神様に守られているということを信じたい。

でも、神様を待っているわけではないの。突然、交信するわけでもないの。いつもずっと上のほうで私を見てもらっているの。

あまりたくさんのことを一度に人に期待したくない。一度にすべてを信じない。いつかわかる時がくるはずだから、その時にいろいろのことが信じられればいい。

機会は必ずやってくる。いつか神様がそういう時を与えてくれると思う。

その人の知性や品性は必ず顔に出る。だからこそ、私は心を磨きたい。自分の生まれてきた役割を考え、その人生を全うするために、私は自分に与えられた事すべてに対して精一杯向き合いたい。例えば、スタッフとの出会いがあって、純粋な物創りへの情熱が一つになる。

その瞬間、瞬間を切り取った写真の中には、きっと何かが写し出されているはず。それを見てくれた100人のうち1人でもいいから、その何かを感じ取ってくれたらいいな。そんな意識をどこかに持ちながら、いつも仕事しているの。

生きていると、自分が濁ってきてしまう時もあるでしょ? 自分が濁ってきたな、ネガティヴに考え始めているな、そう思ったら、街に出て他の人の創った作品を見るの。それらの作品に費やされた時間、努力、苦労、エネルギーを感じる事によって、私も勇気を得て頑張ろうって思えるの。

Frau 2005年11月5日号

はじめて会った人と話したり仕事を一緒にするようなとき、私は無意識のうちにその人の目から相手を判断していることがあります。生き生きと輝いている目をしている人だったら、きっと心も体も健康で一所懸命に生きているのだなと思えます。

目は心の窓、とか、目は口ほどにものを言う、とかいいますが、目から受ける第一印象は案外当たっていることが多いのではないでしょうか。印象的な目というときには目の大きさではなく、目が生きているかどうかが大切なことだと思います。内面的な充実感や精神の緊張などが目の輝きになり、ものを見るときのまなざしが魅力的になります。

小夜子の魅力学　１９８３年３月13日

10

外苑にある並木道が好きで、ときどき歩くことがありますが、あそこでは、樹々がコーラスしているというか、ざわざわと話し合っているようなかすかな音が聞こえてくることがあります。公園ででも同じことで、たくさんの大木に囲まれると、植物の生命力や感情のようなものを肌に感じます。

あの植物のエネルギー、少しでもいいから自分の中に吸収してみたいなあってよく思います。

ＥＬＬＥ ＪＡＰＯＮ　１９８８年７月５日号

街は舞台ね。いろいろな人がいろいろな服装をして、別々の目的をもって一緒に渦巻いている。私はそういう若者たちの感覚から学ぶことが多い。

生命のエネルギーがある究極の形で集中表現されていること——私はそういうところに惹かれてしまう。今まではインドの人々がすごかった。

自分ではとてもできない不良っぽいこと、暴力的なことなどは、ファンとして見るかぎりは好きなのね。だから、暴走族はカッコいいな、ヤクザっぽいのはカッコいいなと見えた時期があった。でも、けっして自分から入っていこうとは思わない。感じられればいい。

写真集「小夜子」１９８４年9月23日

「苦しい、苦しい。もうできない」っていうのはあるんだけれど、ある瞬間から自由に解き放たれるっていう感覚を持つんですよ。もうだめだと感じた最後の一瞬に、自分自身の生活とか、もっと根本的な、生きているということの中を通り抜ける感覚が興味深い。その時に何かきらっと光るものを見出した気がするというか。

すると、その数日後に同じことをしても、その苦しさというのが違っているの。

鳩よ！　１９９３年4月号

空気と一体になる。空気を意識する。全身で空気を感じとる。モデルはこれができるんです。
歩くだけで布が揺れる。糸と糸の間に空気が入っている感じ。踊ることによって空気の流れを感じる。

AERA　1996年3月4日号

特別に意味や理由を求めて何かを始めるということは、今までありませんでした。運命はいつも必然性を伴って目の前に舞い降りてくる感じで、私はそれをつかみ取るのではなく、そこに飛び込んでみるという感じなのです。モデルは歩く仕事だから必然的に体の動きを意識する。そうするうちに踊りと出会い、全身を使って表現をするようになった。そのうち言葉も使うようになった。でも、それらは決して無理を強いていたり、自分の意志に反することをしているのではありません。運命が、自然に私に必要なものに引き合わせたというべきでしょうか。そして、私はそのチャンスに直感的に従ってきただけ。

ラ・セーヌ　1998年8月号

10

「あなたの目は人を救う目だ」と、偉いお坊さんに言われた〔ことがある。〕

太陽　2000年2月号

私が海外の仕事から帰ると家の前にあるはずの桜の木が無くなっていた……。遮る物の無くなったがらんとした空っぽの空に、太陽の光が虚しく悲しかった。

父は何も言わなかった。私も何も言わなかった。その時、なんだか父が随分年を取ったように見えた。

同じ年の三月、突然父が倒れた。そして入院先の病院で父は静かに息を引き取った。桜の死と父の死が重なった。

葬儀の時、境内で誰かが「あっ」と叫んだ。振りかえると、まだ少し早いはずなのに、お寺の桜の大木に一輪の桜の花びらがやわらかく、ひそやかに綻んでいた。薄く透ける花びら越しに、銀色の糸のような太陽の光がキラキラと照らしていた……。

朝日新聞　2001年8月15日夕刊

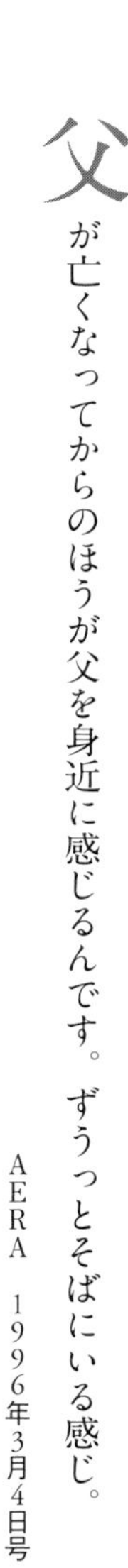

父が亡くなってからのほうが父を身近に感じるんです。ずうっとそばにいる感じ。

AERA　1996年3月4日号

自分自身をカラにするの。そうすると、心の奥底に眠っていた嗅覚が働いて、そのとき自分が選ぶべき答えがパッとひらめく。情報が氾濫する今だからこそ、自分を〝無〟にすることで、大切なことが見えてくるんです。

ラ・セーヌ　1998年8月号

私はいろいろな分野で仕事をしていますが、どれも自然の流れに身を任せ、一つひとつの小さな出あいを大切にしてきた結果なんです。その積み重ねが大きなものを生み出していく。だから私一人の力で何かしてきた、とは思わないし、何か一つの大きな転機があって今の私がある、という風にも考えていないんです。
それに、私は私なんだけど、たまたま私の体に宿っただけ。木も石も、動物も人間も、みんな素粒子になった段階では一緒で、本当はみんな一つの家族なの、ね。苦手な人がいても、その苦手な部分って必ず自分の中にもあるもの。

人間だけがそんなに偉いものじゃない、とも思う。自然と対話するのって、とても楽しいんですよ。ほら、あの青空は元気かな、とか、ここの木たちは満足しているのかな、って。

朝日新聞　1999年8月6日夕刊

なにか意図的なものを排除する。自分をなくす——そこから入ることが、一番、本質に触れることなんじゃないかなと思います。

地球をとりまくエネルギーとか、人の心とか、木とか風とか、すべていまここの現実にあるもの、それが、ひとつに融合すること。そういうことが最終的に形に、私なりの答えとして形になればいいなと思って、まだその答えは出ていないんだけど。だからやり続けるんですけどね。

「新・真夜中の王国」ＮＨＫ—ＢＳ　2002年7月11日

10

自分を無にして

11
日本の美と着物

私が覚えてる最初のきものはやはり七五三の時です。三歳のときに、きものを着せてもらって、おでこのあたりから鼻に白いおしろいをぽんとつけられた。それがなんかすごく嬉しくて。口紅もつけて、髪型はおかっぱだったんですけど。その時に着たきものが今でもあるんですけれど、ピンク地で、小さな白い鶴が、丸くついた柄でした。それを着て神社に出掛けるのが、本当に嬉しかった記憶があります。それも自分で歌いながらなんですよね。「金襴緞子の帯締めながら……」って、「花嫁人形」を歌いながら踊ってたらしいんです。

仕事での撮影の場合は、ほとんど崩すということばかりやっていて……。自分で着ようと思ったとき、崩したものを、もう一度伝統に戻して、それを伝統だけに収まらせず、何か解放された着方はないかと思いはじめました。伝統的なきものの形は、かっちりしたものを守っておいて、素材の面で、洋服のものをそのまま使って、洋服と同じ感覚できものを着られれば、もっと楽じゃないかと思い、自分で工夫してきものを着るようになりました。それで、今日着ているものもそうですが、生地をまったくかえて、普通のきものとして着ています。

違和感があるっていうところが、きものへの抵抗のひとつにもなっていると思うので、私、背広地できものを作りたいと思っているんです。グレーの普通のスーツにするような生地で。中にワイシャツ着るぐらいの気持ちでね。そうすれば街の中を歩いていても自然だと思います。生地は見慣れた背広地で、形はきもの。特別な感じじゃなくて着られるんじゃないかしら。

こうではなくてはいけない、という決まりが多過ぎるから、どうしても〝きもの離れ〟になっちゃうんですよね。決まりを知っておくことは、とても重要なことですけれど、きものがもっと身近なものとして、「着る」気持ちを起こさせるには、難しいことはなるべく省いて、気楽に楽しめることが必要じゃないかと思います。たいがいの人は自分で着られないでしょう。どうしても面倒くさいなって思ってしまいますよね。もっと簡単に着られればいいんですが……。

今、足袋をいろんな色に染めてみてるんですけど、うまくいかなくて……。白が一番きれ

11

いだと思うけれど、昔から足袋にもいろいろあるでしょう。

私の場合、一番身近に感じるのは、大正とか昭和初期の着方ですね。絵を参考にすることがよくあるんですが、とくに高畠華宵とか蕗谷虹児とかが描いているものは、何度も見て、着方の感覚などもいろいろと参考にしています。

子供のころ祖母たちが手作りで、足袋と小物を入れるバッグをお揃いにしたりしていたのを覚えていますが、そういう日常的なおしゃれを楽しむことも大切だと思いますね。きものだから、という枠にとらわれず、自分なりの感覚で自分らしい装いを工夫してみたらいいと思います。

これだけ直線でできてるシンプルなデザインで、豪華でもあり、いろいろな工夫ができるというのは、他の国の民族衣装にはないと思いますね。たたむことができて、たった一枚の布地からできていて、これだけの表現力のある衣服ってないんじゃないかしら。

別冊太陽　１９８８年1月5日号

11

私は仕事に行くときと一人で家にいるときと、着るものを特別に分けて考えてはいません。朝起きて、今日は何を着ようかしらと考えて服を選び、仕事のある日はそれで出かけ、お休みの日はそれなりの服装で家にいるというだけのことです。
でも、今日は仕事はないという日は、できるだけ着物を着るようにしています。

小夜子の魅力学　1983年3月13日

私が着物を好きになったのは、小さい頃から着物を着ている母を見て育ったせいだと思います。母は銘仙（めいせん）や絣（かすり）の着物をふだん着に、とても上手に着こなしていました。ですから、私にとって、着物は決して特別の日に着る〝晴れ着〟ではなく、いつでも気楽な気持ちでふだん着たいものです。

成人式のとき、振り袖を着ている人たちを見て、とても寂しく思うことは、着慣れないせいもあるのでしょうが、着付けがみんな同じに見えてしまうことです。あまり形式にとらわれず、自分に合った着こなしでいいのではないかしら、胸もとも少しくらいくずれたっていいのではないかしら、と思います。胸もとをかき合わせるしぐさや、袂（たもと）を直したり裾をおさえたりするしぐさ、そんな着物を着たときだけに起こる、ちょっとしたしぐさが私は大好きです。

着物は日本人がずっと持ち続けてきた衣裳、着物のこころがわかれば、今の時代に生きる私たちにも着こなせないはずはありません。私は着物を自由にイメージを拡げて着ています。やっぱり振り袖を着たら、いつになく、優雅で贅沢な気分になりたいですものね。

鈴木清順監督の映画「ツィゴイネルワイゼン」で大楠道代さんが着ていた大正時代の着物、辻村ジュサブローさん[*1]の人形が着ている、華やかで妖艶な着物など、私にとって印象深い着物もたくさんあります。そして、私はといえば、竹久夢二さん[*2]が描く絵のように、ほのかで、ゆったりとして、自由な世界に漂いながら、着物を着たいと思っています。

with　1984年3月号

私の母は暑い真夏以外はいつも、たいてい着物を着ています。それは銘仙や絣やウールなどの、渋みのある色合いで身体を包み込むような温もりを感じるふだん着ですが、そんな母の着物姿を幼いころから見ていたせいでしょうか、私はどちらかというと、着るなら京友禅などの派手で華やかなものより、江戸小紋のような無地っぽい感覚の柄や渋い色合いや、絣のように手になじむ風合いのものが好きです。

日本の着物とインドのサリーは、世界でも最も女性の身体の無防備な衣裳だと聞いたことがあります。私はそんなところが好きで、胸もとにしても身八つ口にしても、スッと手が入れられるような着方、そんな着方をしたいということになるでしょうか。それは着る人にとっても楽な着方だと思うのです。胸もとをちょっとかき合わせるしぐさ、袂を直したり裾をおさえたりするしぐさが、着物を着たときの微妙な雰囲気をつくるのではないでしょうか。

久 保田一竹[*3]さんは、着物を布として考えていい、ただ体にまとうだけ、ブレスレットでも何でもアクセサリーをつけていいとおっしゃっていました。着物だからという枠をはずしてもっと自由に、洋服と同じ感覚で着ればいいというお考えのようでした。これは辻村ジュサブローさんも同じで、辻村さんも赤いマニキュアでも何でもしていいとおっしゃっています。

ただ、自由に着ていいのだといっても、お二人とも着物についてはもちろん充分に深い知識があって、それだからこそ、できることでもあります。私がくずした感じで着たいというのはそこまではいきません。もっと柔らかく、といえばいいでしょうか、今の着付け方はとてもかたい印象を受けるのです。

小夜子の魅力学　1983年3月13日

今は着物のコーディネイトやデザインを手がけていて、この秋には着物の手法を使って染めたスカーフを発表します。柄や色は着物とは関係なく、アール・ヌーヴォーからヒントを得たものもあって花柄が中心。

つい先日は洋服の生地を使った着物を発表しました。着物って目立ちすぎてしまうことがあるでしょう。だから服感覚で着られるものを作りたいと思って。男性の背広に使うようなグレーやグレンチェック、ストライプの生地や、レース、ベルベットなど身近な素材を使ってみました。

創ることにはとても興味があるから、少しずつやっていこうと思います。

マリ・クレール　1989年8月号

もともとヨーロッパの体の表現は、気持ちを高く天に向かわせるところがありますね。それに対し、日本の踊り、韓国や他のアジアの国の踊りも、むしろ気持ちを鎮めて大地へと重心を低くしていくんです。古代の巫女舞が、〝鎮魂（たましずめ）〟といって、精霊を鎮めたり魂を浄化させたのに通じる気がします。
天に向かうのか、自己に還っていくかで、踊りに差があるんです。ヨーロッパの舞踊家たちと、そういう話をしますが、皆、能の本を読んでいたりして、日本の若者よりずっと関心が高い。ヨーロッパのヌーヴェルダンスでも、ただ跳躍するのではなく、自己の内を見つめる方向にあるし、日本の影響もあると思います。

クリーク　１９９０年10月20日号

日本、もっと広く東洋と考えた時に、共通する東洋独特の体の使い方や気持の持ち方というのが、西洋と違っているのがおもしろくて、西洋は上に伸びる、天に向かおうとするけれど、東洋は沈もうとする床面と足の裏の接点に特別なものがある。空手も韓国舞踊も能も全部、いかに魂を土の中に沈め、そうしてそこでまた解き放つか。伊藤[*4]〔道郎〕氏のダンスの中にも、自然に出てくる東洋の精神みたいなものとドイツ表現主義的なものを融合させたのではないかなと思えるような動きがあるんですよ。

鳩よ！　１９９３年４月号

間がいいとか間が悪いとか、あるいは間をはずすとかよく言います。間、とは日本独特のものではないでしょうか。静から動、あるいは動から静に移るほんの一瞬の静止。不安定の中の安定、とでもいいましょうか。あるいは気をはかる、という言い方もできるかもしれません。

私は人形浄瑠璃や歌舞伎が好きでたまに見に行きますが、そんな舞台の動きが私の仕事の参考になることがとても多いのです。人形や役者さんたちの台詞のやりとりや動作の合間に、ほんのわずかな、気配が無になるような瞬間があります。そこになんともいいがたい余韻や風情を感じるのですが、それが間というものなのでしょうか。

私の場合、間を大切にするのはやはりファッションショーの舞台です。それはほんの一歩舞台に踏み出し、正面に歩いて行く前に一呼吸して間をおきます。それはほんの一呼吸、深呼吸ではなくスッとした間、です。

歩きながら上着を脱ぐとき、振付けがある場合はひとつの型から次の型へ変わるとき、立ち止まるとき、向きを変えるとき……、意識して間をとるようにすると、その瞬間気持ちが静まり心にゆとりが生じます。

日本人の美意識は、昔から、陽と陰、静と動、剛と柔、といったように、両極のぎりぎりのバランスの上に成り立っているものが多いのではないでしょうか。

静寂を鹿威し(ししおど)の音で強調したり、降るような蟬の鳴き声に静けさを感じたり、あるいは竜安寺の石庭のように動かない石や岩に流れを見たり、考えてみたら、私たちが習ったり見たりしたことすべてが、そんな相反するものの両立したところに位置しているように思えます。間というのも、そんな日本人の繊細な審美眼があって、はじめて生きてくる観念でしょう。ふだんの生活の中でも、間を上手にとることができたら、しぐさや身のこなしも美しくなるのではないでしょうか。またそれは形のうえだけのことではなく、人との対話にも通じる大切な要素ではないかと思っています。

五月のはじめごろの日本の朝の空気を、私は昨年久しぶりに味わうことができました。木の枝先の小さな葉のつや、濃い緑色だった常緑樹も若い新しい芽が伸びて萌黄色に変わり、光は透明でまろやかに注ぎ、空気も心地よく乾いていました。ここ数年来、五月はいつもコレクションなどで外国に行っている時期だったので、ちょうどそのころの日本の季節の変化を忘れかけてさえいました。今年は少し早めに帰ってきて、本当にいいなあと感じることができました。
そんな五月の、春から初夏に移るほんの短い間の木々や空気の香りのほかにも、季節ごとに美しさを発見することはうれしいことです。夏の暑さが通り過ぎてそれまでの湿り気がとれ、木も空気も乾いてきた秋のころ。また雨も激しく風も強い、怖いくらいの台風の日も好きです。

冬は、灰色の重たそうな空気の日、冷たくて今にも雪が降りそうな気配や、冬枯れの木立。寒ければ寒いほど、冷たければ冷たいほど身が引き締まる感覚が好きだし、雪の日の色のないモノトーンの風景も美しいと思います。

小夜子の魅力学　1983年3月13日

日本人は小さなことばかり気にして全体像がさっぱり見えなくなってると思う。なんだかアメリカに洗脳された部分が悪いほうに肥大した感じでしょ。もう一度、日本の原点を思い出すために、クリスマスとかバレンタインデーで騒ぐのはやめて、お正月やお盆や雛祭りなど、伝統的な行事の時に日本人らしく盛り上がる生活を取り戻したらどうかしら。私は右の耳でビートルズを聴いて左の耳で美空ひばりを聴いて育ったから、「両方あり」だと思っているけど、今のように日本のスタンダードを見失ってアメリカのスタンダードばかりに偏った状態は不健康だと思うんです。

メンズクラブ　2001年5月号

結局、時代に応じて常に私たち東洋人のカッコ良さを、伝える役割を誰かが担っていればいいと思う。

人に流されず、日本人としての自信をもつために大切なのは、〝内側〟なんだと思います。与えられる画一的な情報に甘んじることなく、自分の中に揺るがない美学を培っていくこと。そのためには、たくさんのものを見て、たくさんの経験をする。そうすれば、自然と自分に必要なものが見えてきます。寺山修司さんがおっしゃった『書を捨てて街に出よ』という言葉がずっと私の心の中に残っています。

Grazia　2006年11月号

人は何かに集中している時が美しい。私はこのことを疑わない。とくにその集中の姿に民族の香りがある時、もっと美しい。私はずっとずっと日本人でありつづけたい。

写真集「小夜子」１９８４年9月23日

11

注

＊1▸ 辻村壽三郎（ジュサブロー）
1933年、旧満州生まれ。

役者を目指して上京後、小道具制作の会社を経て、創作人形の制作に取り組む。NHKのテレビドラマ『新八犬伝』（1974）の人形制作を担当し、その実力を高く評価される。そのセンスを生かし、舞台衣裳、着物などのデザインも手がけた。1984年日本文化デザイン会議賞受賞。

2023年没、享年89。

＊2▸ 竹久夢二
1884年、岡山県生まれ。本名・竹久茂次郎。

17歳で上京し、スケッチを雑誌などに投稿。1905年デビューし、日本と西欧のイメージを折衷した独自の美人画を確立。たちまち人気画家となり、多くの雑誌の表紙を飾った。画壇には属さず、独自の表現で日本画、水彩画、油彩画、木版画の制作を行った。

『宵待草』など詩や童謡も制作し、独自の芸術世界を形成した。大正ロマンを象徴する人物の一人。

1934年没、享年49。

＊3▸ 久保田一竹（くぼた・いっちく）
1917年東京、神田生まれ。

幼いころから絵の才能を示し、14歳で友禅師に入門して染色を学ぶ。

20歳のときに美術館で出会った室町時代の「辻が花染め」の古裂に魅了され、染色の道を志す。出征、シベリア抑留を経て、31歳で復員。苦心のすえ、60歳にしてようやく「一竹辻が花」を発表。国内外で個展を開き、大好評を博した。

フランス芸術文化勲章シェヴァリエ章受章、文化庁文化長官賞受賞。

2003年没、享年85。

＊4▸ 伊藤道郎（いとう・みちお）
1893年、東京生まれ。

慶應義塾普通部を卒業後声楽家を志しパリに渡る。ロンドン、ニューヨークを経てロサンゼルスに拠点を置き舞踊家、舞台演出家として活躍した。スケールの大きな演出が高く評価され、多数の公演を重ねたが、1941年日米が開戦すると逮捕され、捕虜として収容所に入る。

1943年に帰国し、戦後は東京に舞台研究所、舞踊研究所をつくった。1964年の東京オリンピック開会式と閉会式の総合演出を依頼されていたが、1961年に急逝したため果たせなかった。享年68。

12 自由に、私らしく

わたしの生き方やおしゃれにあえて形をつけようとすれば、〝きめつけない〟ということかもしれません。服はだれのデザインで、どこの店で買う、何色は着ない、こういうデザインは着ない、というようなきめつけが、わたしには一つもありません。もしも何か一つでも制約を自分でつくってしまったら、つまらないでしょうね。下駄屋さんでおもしろい靴をさがす、なんていう楽しみがなくなってしまって。決めないけれど、凝るんです。一年に二、三回のサイクルでこれだというのに徹底的に。まっ黄色に凝ったこともあるかしら。

それでも、宝石と毛皮の周期はめぐってこないでしょう。持ってもいないし、興味ももてません。持ちものの中でいちばんたいせつなものといったら、きものだと思います。その中でこの一着というなら、辻村ジュサブローさんの作品です。桜姫のイメージでつくられたというグレーの濃淡ぼかしの振り袖で、桜が裾に、華やかにせつないほどの美しさで散っています。

with 1983年8月号

おしゃれというものは、「ひそかに」ということから始まるものだとおもう。それは、自分がどのように自分になるのかという秘密作戦なの。それがうまくいくと、自分の体験からも世の中の関係からも、自由になれるような気がしてくる。文学や音楽と同じではないかしら。

写真集「小夜子」　１９８４年９月23日

頑固におかっぱにこだわっているわけではありませんが、自分のおでこが好きじゃないし、眉毛をどうしていいかわからないというのも理由のひとつなのです。おでこを出すと、裸でいるような恥ずかしいような、落ち着かない気分になるのです。おかっぱスタイルはもう私の顔の一部になっていて、いちばん安心できるものなのです。それに外国で仕事をしていると、外国人にとって東洋人の直毛は憧れの的なのだということをつくづく感じます。

私は髪をいじるのが好きなので自分でいろいろやっています。ずっとおかっぱで飽きない？　と聞かれることもありますが、私にはこれがいちばん自然だし、変化はいろいろつけられますから、これからもずっとこのスタイルを続けていくつもりです。

小夜子の魅力学　１９８３年３月13日

みんなが信じこむ流行は、一方に危険なものもはらんでいる。そして、他方、みんなが信じこむものを裏切りたいということも考える。そういう意味では〝山口小夜子〟というイメージを裏切ってみたいという欲望もある。でも、これは仕事のうえでの裏切りね。日常的には裏切りたくない。

私が誰かのファッションのアドバイスをしなければならないとしたら、まず第一に、その人の髪を変えることから始めると思う。男の人が相手なら、ほとんど髪を切る。日本人はヘアスタイルについて、まわりに影響されすぎている。

ファッションは文明の本質から生まれてくるものだと考えたい。民族性にとらわれることはないけれど、少なくとも「まわりからどう思われているか」などという観点だけで決めることはない。

想像もつかないことをやろうとするよりも、まず「見方を変える」ということに挑むことから始めたいの。世の中で見えている見方は、まだまだ最終的なものではないはずだとおもいたい。

写真集「小夜子」1984年9月23日

12

外国は仕事をする場所で、それが終われば必ず日本に戻るものと思っていた。仕事が順調だからといって海外に住もうとは考えなかった。
デカダンスだけの中では生きたくないの。華やかなデカダンの世界だけで生きるより、もっとクリアに現実を見ていたいの。

Ｆｒａｕ　２００５年11月5日号

縁あってこの時代に生まれ、いろいろな人々と出会い、多くのものを分かち合ってきたので、自分のことばかりではなく、他を思いやる気持ちが大事なのではないかと、今とても思います。温かさや優しさ、愛の溢れる世界を、物作りを通して表現していきたい。すぐにわかってもらえなくてもいいんです。後になって、ああそうだったんだ、って理解してもらえれば。そんなことをしていきたいなと思って。

クロワッサン　２００５年12月25日号

〝これを見て欲しい〟という気持ちはないの。それは自分への問いかけに対する、私の心の反応。自分を探求することは、人間ってどういうものなのだろう、体をもっていて、精神があって、それが今、こんなことをしているわけで、その意味は何なのだろう、と考えること。私は自分を見つめながら、人間というものをもっと知りたいと思っているんです。

ラ・セーヌ　1998年8月号

私も気にするほうだったの、前は。だけど、それを気にしてたってしかたがないじゃない。自分が、これはいいな、楽しいとか、美しいと思うとか、これは好きだって思うことは、人がもし変だと思ってももういいって思ってるの。私が好きなんだからいいって。

エスクァイア　1997年4月号

12

いつだったか読んだ雑誌の、まなざしについて書かれた文章の中に、見たいものを直接見ずに、一度視線を外してから見るほうが女らしいとありましたが、私は見たいものは率直に見つめるほうが好きです。ただし視線をあちこち動かすのは品がよくないので、視線はできるだけとめておくようにして、ひとつのものから別のものに目を移すときにも目を迷わせないように気をつけます。

憎しみや反感をもっていたら、どんなに大きくきれいな目でも険しくとげとげしいまなざししか生まれません。

精神の緊張感は必要ですが、いつも気持ちはおおらかにして、いろいろなものに愛情を感じるように心がけていれば、まなざしも自然に優しくまろやかに、そして生き生きとした輝きのあるものになるのではないでしょうか。私はそう思います。そして、いつもそんな気持ちで過ごしたいと思っています。

小夜子の魅力学　1983年3月13日

校庭とか、グラウンドに、線を引きますよね。白く。あの線を引いてみたいなって。きれいだなと思うんですよね。

でも線って本当はすごく怖いなと思っていて、国と国の線を引く、隣と隣の線を引く、人類が出てきて、線を引くことで争いが生まれたんだなと思うのね。だから線って恐ろしいんだなって思う。

でも校庭にある、あの真っ直ぐな線はそういうものではなくて、とても純粋なもので、天につながるような、そういう感じがあるのね。


「新・真夜中の王国」ＮＨＫ―ＢＳ　2002年7月11日

12

自由に、私らしく

1981年　ディオールのイメージメーカーだった
セルジュ・ルタンスが資生堂と契約を結び、
山口小夜子とのコラボレーションで
様々な美しいポスターを制作、世界に衝撃を与える
半自叙伝的舞台『小夜子:山口小夜子の世界』主演
1983年　雑誌に連載したエッセーをまとめた
著書『小夜子の魅力学』(文化出版局)発売
1984年　横須賀功光撮影の写真集『小夜子』(文化出版局)発売
1986年　『月　小夜子/山海塾』(横須賀功光撮影)で
山海塾と共演、写真展開催
1987年　舞踊家・勅使川原三郎との共演を開始、
以後1996年ころまで世界ツアーなどで活動をともにする
1989年　NHK音楽ファンタジー『カルメン』主演、映画『利休』出演
1992年　結城座公演『ペレアスとメリザンド』主演
1997年　天児牛大演出のオペラ『青ひげ公の城』に出演、
衣裳デザインも担当
1998年　オペラ『三人姉妹』衣裳とヘア・メークのデザインを担当
1999年　映画「利休」出演
2001年　詩劇『アマテラス』主演
2002年　『版画家池田満寿夫の世界展で、『SAYOKO』シリーズを展示
2004年　舞台『リア王の悲劇』意匠担当
2007年　映画『馬頭琴夜想曲』出演
8月14日 肺炎により急逝

山口小夜子略年譜

横浜市出身
杉野学園ドレスメーカー女学院卒業

1971年　山本寛斎のロンドン・コレクション凱旋ショーに出演（渋谷西武百貨店）
1972年　デザイナー、ザンドラ・ローズの東京でのショーに出演したことを
きっかけにパリ・オートクチュール・コレクションに招聘され、出演
1973年　三宅一生のパリ・コレクションに出演。以降イヴ・サンローラン、
クロード・モンタナ、ティエリー・ミュグレー、髙田賢三らのショーに出演する
パリ・コレの常連モデルとなる
また、この年から1986年まで資生堂の専属モデルとして
契約を結び、ポスターやテレビCMに多数出演
東京キッドブラザースのミュージカル『猿のカーニバル』出演
1974年　米『Newsweek』誌で「世界を代表する4人の新進モデル」に選出
1976年　映画『ピーターソンの鳥』出演
1977年　ロック史に残る名アルバム、
スティーリー・ダン『彩（エイジャ）』のジャケットモデルに起用される
寺山修司作・演出の舞台『中国の不思議な役人』出演
ロンドンのアデル・ルースティン社がSAYOKOマネキンを制作、
世界各国のショーウィンドウを飾る

著者略歴

山口小夜子（やまぐち・さよこ）

横浜市出身。

幼いころからファッションに強い興味を示し、高校卒業後杉野学園ドレスメーカー女学院に学ぶ。

170センチの長身とスタイルの良さから、ファッションモデルになるよう勧められる。

1970年代はじめからモデルとしての活動を始め、瞬く間に世界のトップモデルへの道を駆け上がる。

山本寛斎、髙田賢三、三宅一生ら日本人デザイナーのほか、イヴ・サンローラン、クロード・モンタナ、ティエリー・ミュグレー、ジャン・ポール＝ゴルチエなどトップデザイナーの「ミューズ」として数々のショーに出演。

アメリカのロックバンド、スティーリー・ダンの名盤『彩（エイジャ）』のジャケットを飾るなど、世界に知られる存在となった。

また、パフォーマーとして寺山修司作品や山海塾との共演など多数の舞台に出演した。創作舞踊家・勅使川原三郎と共演し、ダンサーとして印象的な舞台をつくり上げた。

舞台衣裳やアクセサリーを自らデザインするなど、表現者として多面的な才能を示した。

2007年8月、急性肺炎で急逝。

この三日月(みかづき)の夜(よる)に

2024年6月25日　第1刷発行

著　者　山口小夜子(やまぐちさよこ)

協　力　株式会社 オフィスマイティー

発行者　森田浩章

発行所　株式会社 講談社
〒112-8001
東京都文京区音羽2-12-21
電話　編集 03-5395-3522
　　　販売 03-5395-4415
　　　業務 03-5395-3615

印刷所　TOPPAN株式会社

製本所　大口製本印刷株式会社

定価はカバーに表示してあります。
落丁本・乱丁本は、購入書店名を明記のうえ、
小社業務あてにお送りください。
送料小社負担にてお取り替えいたします。
なお、この本についてのお問い合わせは、
第一事業本部企画部あてにお願いいたします。

Printed in Japan　ISBN978-4-06-535011-9